CONTENTS

PATCH WORK 拼布教室 no. 30
Spring Edition 2023

令人心情愉悅的全新季節，捎來的是廣受歡迎的提籃圖案。集結了拼布、廚房小物、裁縫工具等，都是實用便於生活的美好單品。試著像填滿整個籃子似的，拼接鮮明的色彩及花朵圖案，作出滿載春天氣息的提籃吧！花朵壁飾、圖案印花布波奇包，可盡情享受花朵季節樂趣的作品也刊載其中。請多多關注流行的手機包、蔚為話題的韓國NUBI努比布，這些恰逢其時的單品。拼布教室承蒙讀者的支持，迎來了30期。今後也將更加努力，期許帶給讀者們備受喜愛的充實內容。

隨書附贈 原寸紙型＆拼布圖案

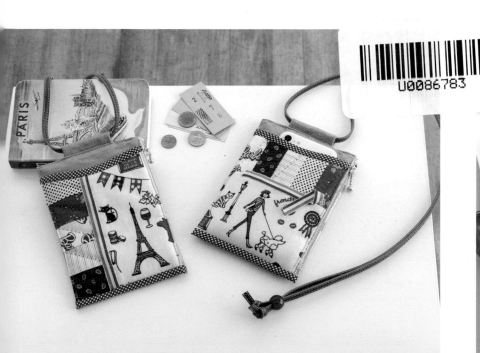

裝飾小小空間的季節小品

攝影／山本和正

為讀者介紹各式適合裝飾屋內小小空間的尺寸，具有季節感的作品。敬請期待傾注了作者的堅持，仔細地縫製完成的小小世界。

本期是由古澤惠美子老師製作，將春天的花朵及可愛的草莓化成立體圖案的作品。

1

花籃迷你壁飾與
鐵線蓮提籃

將鬱金香、藍星花、水仙花等大量花卉摘採於花籃，是一款田園風味十足的設計。雅緻的色調柔和地彩繪著牆面。

以立體的鐵線蓮裝飾上蓋的提籃，擺放在窗台或是層架上，隨即化身成美麗的居家擺飾。

設計・製作／古澤惠美子
迷你壁飾 直徑 30cm 提籃 12×26×6.5cm
作法P.80、P.82

2

蓬鬆飽滿的草莓門牌

結實纍纍的鮮紅色草莓，看起來垂涎欲滴。果實及葉子的一部分製成立體造型。中央亦可繡上kitchen或是welcome文字。

設計・製作／古澤惠美子
17×26.5cm　作法P.102

③

於淺灰色的基底布綻放著煙燻粉彩色的花朵，小花則是以刺繡描繪而成。使用吊耳製作的緣飾視為強調重點。

將7片立體的花瓣縮縫製作的鐵線蓮花。上蓋的珠子裝飾則是以花蕊為概念製作而成。細心製作的提籃，可收納心愛小物或收藏品，令人期待。

3

攝影／山本和正　插圖／木村倫子

可愛，隨身攜帶：
設計感滿載的提籃拼布特集

在傳統的拼布圖案中具有相當人氣的提籃圖案。
可組合表布圖案，或是添加貼布縫，享受各種不同作
品的製作樂趣。

◇ 各式不同形狀的表布圖案 ◇

4

在提把化為有如蝴蝶結般形狀的籃子上，添加櫻桃貼布縫的壁飾。
以小碎花的拼貼印花布包圍四周，並以藍色系將整體氛圍作出清爽感。

設計・製作／宮崎裕美（指導／瀧田裕子）　188×168cm
作法P.68

表布圖案參考《野原チャック
のパッチワークパターン200》
（野原Chuck老師的拼布圖案
200）」雄雞社出版）。

以每邊長5.5cm的表布圖案，與素面區塊交替排列而成的迷你壁飾。將2條提把扭轉成充滿獨特創意的形狀，更加引人注目。

設計・製作／村部妙子
40.5×32.5cm　作法P.70

在有如春天般的綠色上，搭配粉紅色的玫瑰花樣印花布與「花籃」的表布圖案的手提袋。安裝了支架口金，袋口處可完全敞開。將袋身於上下部作剪接，並接縫拉鍊後，作成口袋。

設計・製作／西澤まり子　21.5×28cm
作法P.74

「葡萄花禮水果籃」的表布圖案為了能容納在側面的高度範圍內，所以裁掉多餘部分，並圍繞一圈配置於側面的面紙盒套。由於盒套具有高度，因此亦可將2個面紙盒疊放後使用。可將綁繩穿入接縫於底側的繩環中打結後，進行固定。

設計・製作／西澤まり子
12×23×12cm
作法P.7

將「籃子」與「德勒斯登圓盤」的表布圖案交替排列，並以粉紅色的甜美配色整合。

設計／岩崎美由紀
製作／築地トシ子
76×76cm　作法P.86

⑧

---

⑦ 面紙盒套

●材料
各式拼接用布片 E用布 80×40cm（包含口布、綁繩、繩環部分） 側面內布 80×15cm 舖棉95×35cm 胚布95×25cm

※表布圖案原寸紙型B面⑬。

1. 拼接布片A至F，兩端預留2至3cm後，進行壓線，製作側面。

側面
完成線
中心
沿著花樣進行壓線
落針壓線
中心
胚布
舖棉
C A
F B
D E
12.4 17.7
12.5
70.8
綁繩接縫位置
※C為2.5cm平方的正方形。
繩環接縫位置

2. 製作口布
（2片）
摺雙
中心
摺雙
12
23

① 摺雙
舖棉
沿著花樣進行壓線

② 5 5
將摺雙側對接，並將兩端進行捲針縫。

綁繩與繩環

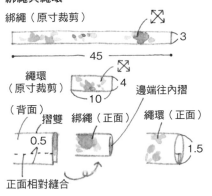

綁繩（原寸裁剪）
3
45

繩環（原寸裁剪）
4
10
邊端往內摺
（背面）
摺雙
綁繩（正面）
繩環（正面）
0.5
1.5
正面相對縫合

3. 縫製
①
①將表布正面相對縫合，舖棉對齊後，裁掉多餘縫份。
②將胚布進行藏針縫。

將側面縫合成圈狀，進行剩餘的壓線。

②
口布（背面）
側面（背面）
將口布與側面正面相對縫合

4. 接縫側面內布
12.4
70.8
①將內布縫合成圈狀。

繩環
將綁繩對摺後，包夾。
底側
1
1
②與本體正面相對疊合後，縫合底側。
內布（背面）

5. 將內布以藏針縫縫於本體上
口布（背面）
內布（正面）
1.5
摺疊縫份後，進行藏針縫。
星止縫
底側

7

分別以形狀不同的提籃圖案製作針線盒、工具收納包、迷你收納籃。
使用紅色與水藍色的蕾絲花樣印花布進行配色,營造出整體的氛圍感。

設計・製作／円座佳代
No.9. 18.5×25.5×10㎝
No.10. 23.5×12.5㎝
No.11. 4×12×4㎝cm
作法P.9、P.76

針線盒屬於無夾層類的款式。
盒身具有高度,能裝入迷你收
納籃。
工具收納包則是將內側的口袋
部分配置上籃子的表布圖案。
中心處縫製夾層,可配合用途
進行收納,相當便利實用。

⑪ 迷你收納籃

●材料

各式拼接用布片 提把用布30×30cm（包含拼接、包釦部分） 雙膠舖棉25×20cm 胚布40×25cm（包含夾層、針插墊部分） 直徑1.8cm 包釦用芯釦 2顆 直徑0.3cm珠子 8顆 手藝填充棉花適量

※布片A至E'原寸紙型B面⑱。

1. 將布片A至G預留返口之後，製作表布。

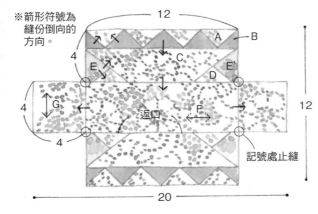

※箭形符號為縫份倒向的方向。

記號處止縫

2. 將貼放於舖棉上的胚布正面相對縫合，並翻至正面。

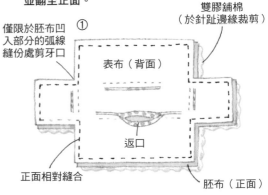

僅限於胚布凹入部分的弧線縫份處剪牙口

雙膠舖棉（於針趾邊緣裁剪）

表布（背面）

返口

正面相對縫合

胚布（正面）

②

夾層

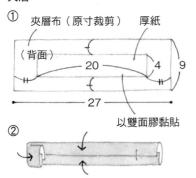

① 夾層布（原寸裁剪） 厚紙（背面）

以雙面膠黏貼

② 使用布片包夾厚紙，並將兩端以雙面膠固定。

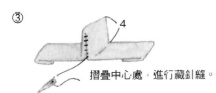

③ 摺疊中心處，進行藏針縫。

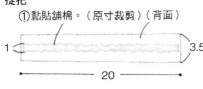

提把

①黏貼舖棉。（原寸裁剪）（背面）

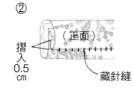

② 摺入0.5cm 藏針縫（正面）

針插墊

① 將周圍進行平針縫 直徑12cm（原寸裁剪）

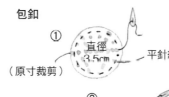

② 一邊填塞棉花，一邊拉線束緊。 棉花（正面）

包釦

① 直徑3.5cm（原寸裁剪）平針縫

② 放入包釦用芯釦，拉線束緊。

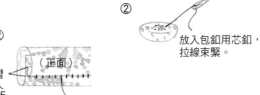

---

3. 縫製成立方體的盒型

捲針縫 （背面）

將側面（盒身）正面相對立起，並將所有表布進行捲針縫後，翻至正面。

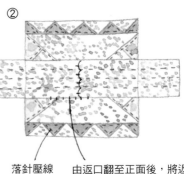

落針壓線

由返口翻至正面後，將返口進行藏針縫，並以熨斗整燙黏貼，進行壓線。

4. 縫製完成

裝入夾層，將開口縫合固定。

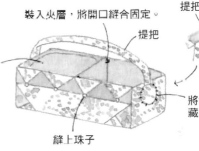

放入針插墊

縫上珠子

提把

縫合固定

將包釦進行藏針縫

迷你收納籃是將表布圖案的籃子圖案部分作橫長形使用，配置於側面。

於中心處裝入夾層，並將已填塞棉花的針插墊與線材成組置放，以方便攜帶使用。

9

將菱形及三角形布片組成的「小裝飾籃」主題花樣，運用藍色的深淺進行配色，並與淺駝色作搭配後，設計成典雅印象的迷你手提袋與波奇包。

設計・製作／馬場茂子
No.12　18×28cm
No.13　13.5×20cm
作法P.72

布料提供／株式會社moda Japan

於手提袋的內側接縫了一個內附四合釦的大型口袋。

插在竹籃裡的玫瑰，是將原寸裁剪的花樣，以毛邊繡進行貼布縫的圖騰白線刺繡手法製成。為使籃子的花樣更加醒目，因此搭配了淺色系的色調。

設計・製作／西澤まり子
47.5×47.5cm

抱枕

●材料

各式拼接用布片、貼布縫用布片 F用布35×15cm G用布55×50cm 後片用布60×50cm 舖棉、胚布 各55×55cm 長47cm 拉鍊1條 寬6cm 皺褶蕾絲220cm

※布片A至F原寸紙型&原寸壓線圖案紙型A面③。

1.拼接布片A至G，進行壓線之後，製作前片。

前片
25.5
貼布縫
舖棉
胚布
E
F 18
G
11
47.5
D D
B A
C
47.5
落針壓線

2.於周圍接縫上蕾絲

圓弧部分抽拉細褶
蕾絲（背面）
前片（正面）
正面相對縫合

3.製作後片

※( )為縫份
圓弧部分與前片為相同尺寸
（3）
47.5
（3）
40.5
7

接縫拉鍊

3 3
3

拉鍊（正面）
後片（正面）
後片（正面）
3
1

4.將前片與後片正面相對縫合

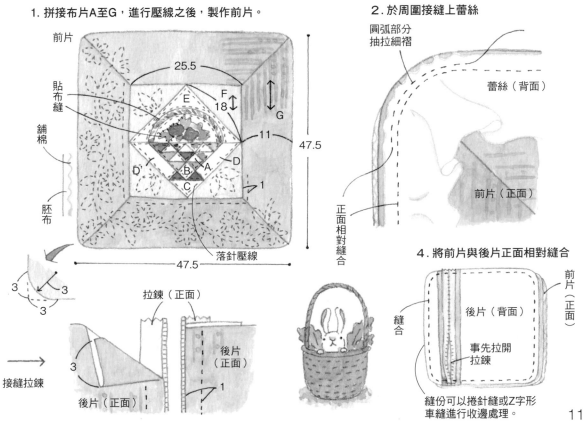

後片（背面）
前片（正面）
縫合
事先拉開拉鍊

縫份可以捲針縫或Z字形車縫進行收邊處理。

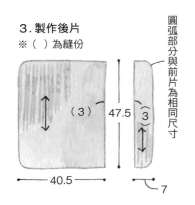

11

於紅×黑摩登配色的提籃
上，以貼布縫縫上草莓圖
案。底色配置白色素布，營
造視覺層次感。

設計・製作／松井あき子
（指導／中村麻早希）
36×36cm 作法P.70

15

16

於「水果籃」表布圖案的清
爽色調，搭配粉彩色YOYO
球的迷你壁飾。可將表布圖
案的方向朝向正面裝飾也很
出色。

設計・製作／松本真理子
25.5×25.5cm 作法P.70

12

資深設計師的製包創意應用心法
20 款包包 × 7 款口袋設計

> 由一個包款延伸的設計點子，
> 利用相同作法，使用紙型不同，
> 就能作出另一個包款的魔法，
> 是我在創作時，
> 發現趣味的製包理念。

Eileen Handcraft
手作言究室

Eileen手作言究室第一本以帆布為素材的手創製包書。從事手作店製包課程商品設計及教學路程十多年，聽從了許多顧客的需求，發現大家對於「自己設計包包」是最有興趣的挑戰，因此有了本書的誕生。

由一個包款延伸的設計點子，利用相同作法，使用紙型不同，就能作出另一個包款，是作者在設計與創作時的製包理念。不愛複雜的花色及花樣，秉持喜愛的簡約風格，Eileen手作言究室利用帆布耐用耐操又有型的特性，收錄20款以帆布進行包款設計及口袋變化的實用作品，從簡單的基本包型，延伸作法製作自己喜愛的日常手作包，即便是入門的初心者，亦可上手！

書中貼心教學 7 款口袋設計，您可隨心所欲地依照自己的需求及分類，在外口袋或內口袋的部分，任意改變自己想要的口袋類型。只要學會一個包包的設計，就能藉由變化，作出更多不同的包包，想要自己設計包包，也能很簡單！

本書收錄基礎包款圖解製作教學及變化包款的作法解說，內附原寸圖案紙型，書中介紹的作法亦附註提醒適合製作的挑戰程度標示，不論是初學者或是稍有程度的進階者，都可在本書找到適合自己製作的作品。

製包是一種生活魔法，能夠為自己或家人好友，設計所需日常機能的設計款帆布包，你也能成為以專屬設計為大家滿載幸福的生活設計師！

20個包款
版型全收錄
內附 2 大張紙型

簡約至上！設計師風格帆布包
手作言究室的製包筆記
Eileen 手作言究室◎著
平裝 128 頁／21cm×26cm／全彩／定價 580 元

拼接教室

提籃……P.7

以三角形和正方形製作籃子部分，並以貼布縫描繪提把的可愛圖案。使用布片A與B製作籃子的本體後，與已進行貼布縫作有提把的布片C接縫，再併縫布片A與D、E，加以組合。提把欲呈現漂亮的圓弧狀，因而使用斜布條；為避免布片歪斜，一邊縮縫，一邊以珠針固定後縫合。

縫份倒向的方式

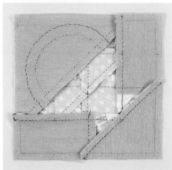

製圖的作法

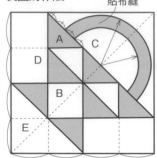

※提把請準備以2倍寬作原寸裁剪的斜布條（長度測量外側的邊長），並事先摺疊縫份。

1 縫合籃子的本體部分。首先，準備3片布片A。於布片的背面置放上紙型，並以2B鉛筆作記號，外加0.7㎝縫份後，進行裁剪。

2 將2片正面相對疊合，對齊記號處，並以珠針固定兩端的邊角與中心，由布端縫至布端。

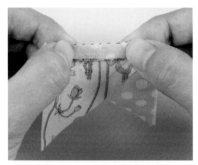

3 縫份單一倒向中心的布片側。另1片亦以相同方式縫合，縫份單一倒向中心側。

4 依照相同方式製作，兩端併接布片A。縫份請如圖所示倒向。

5 準備2片布片A與1片布片B，依照步驟2的相同方式縫合。縫份如圖所示倒向。

6 接縫2片的小區塊，製作籃子的本體。請注意避免布片所有的邊角產生歪斜。

7 正面相對疊合後，以珠針固定接縫處、其間。由布端開始縫合，並於接縫處進行一針回針縫，以防止歪斜。縫份倒向下側。

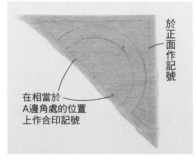

8 準備正面畫記有提把圖案的布片C。

●將依照形狀裁剪的提把進行貼布縫的作法，請參照P.61。

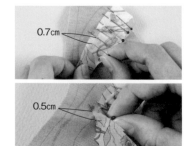

9 將提把進行貼布縫。於斜布條的褶線上間隔0.7㎝，布片C的內側間隔0.5㎝，刺上珠針（數字為基準），一邊縮縫，一邊固定。

10 以細針目縫合（上圖）。待翻至正面後，對齊外側的弧線記號，並以珠針固定，進行藏針縫（下圖）。

11 接縫步驟 **7** 的小區塊與布片C，縫份倒向小區塊側。接著，接縫2片AD的小區塊。於所有接縫處重疊的位置上，進行回針縫（右圖）。

12 最後，接縫布片E即完成。由布端縫至布端，縫份倒向區塊側。

將2片布片A、2片A'與B至D接縫後,製作正方形的小區塊,並將已接縫布片E與F的小區塊和布片D併接,組合而成。由於是在布片A上將布片B與C進行鑲嵌縫合,因此布片A是於外側的記號處作止縫。鑲嵌縫合雖然乍看之下看似困難,但因為是直線縫合,只要每次仔細地縫合一邊,就不需擔心。

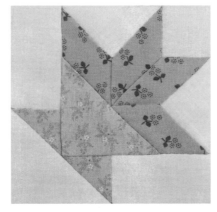

縫份倒向的方式

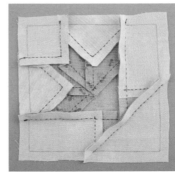

製圖的作法

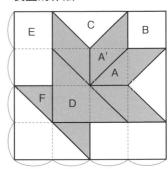

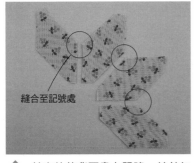
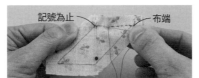

1 於布片的背面畫上記號,並外加0.7cm縫份後裁剪,準備2片布片A、2片布片A'。為了避免弄錯布片的位置,不妨試著先排列一下,以便確認方向。

2 將2片正面相對疊合,對齊記號處,並以珠針固定邊角及中心,由布端進行平針縫至記號處。始縫點與止縫點則進行一針回針縫。

3 縫份一致裁成0.6cm,由針趾處將2片一起摺疊,並以手指壓住,使縫份倒向單一側。

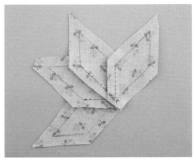

4 剩餘的2片亦以相同作法縫合。縫份單一倒向同一方向。

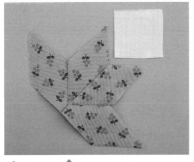

5 於步驟4的凹入部分,將布片進行鑲嵌縫合。首先,由布片B開始縫合。

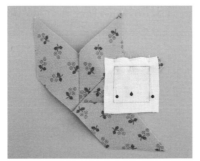

6 將布片A與B正面相對疊合後,對齊第一邊,避開布片A'的縫份,以珠針固定記號的兩端與中心處。

7 由布端縫合至記號處的邊角,並避開縫份,進行一針回針縫。以珠針固定第2邊的記號處,並避開縫份,由邊角縫合至布端。

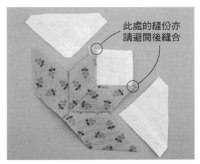

8 依照相同要領,將2片布片C進行鑲嵌縫合。邊角處請避開縫份縫合。縫份單一倒向內側。

9 接縫布片D(事先於長邊上將中心處作記號),製作正方形的區塊。由於小區塊縫份較為集中,只要將小區塊朝上,再進行縫合,就能順利地縫合。

10 將2片正面相對疊合,並以珠針固定記號處的兩端、中心、其間。由布端縫至布端。縫份較為集中之處,請以每針垂直出入針的上下挑針縫方法(一上一下交錯方式)進行縫合。

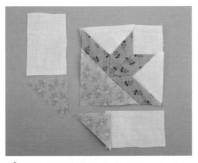

11 製作2片接縫布片E與F的小區塊,並與正方形的小區塊併接。正面相對疊合後,以珠針固定記號處,由布端縫合至布端。

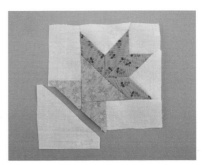

12 最後,接縫布片D。正面相對疊合,對齊記號處,以珠針固定,由布端縫合至布端。

15

以裝滿水果的籃子為概念的具體化圖案。布片的數量雖多，但種類較少，僅需進行直線縫，簡單就能縫製。首先，將已接縫2片布片A的小區塊作併接，並與已接縫2片布片B的區塊組合。接著，併接AC的區塊與布片D。為避免三角形布片縫成缺角，請準確地固定珠針的作法為祕訣所在。

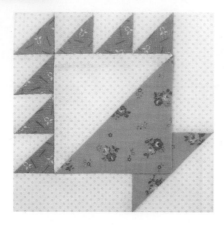

縫份倒向的方式

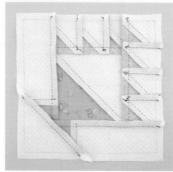

製圖的作法

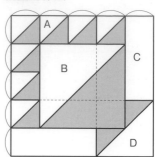

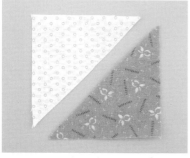

1 準備2片布片A。於布片的背面置放上紙型，並以2B鉛筆作記號，外加0.7cm縫份後，進行裁剪。

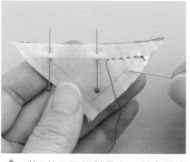

2 將2片正面相對疊合，對齊記號處，並以珠針固定兩端的邊角與中心，由布端以平針縫縫至布端。請於始縫點與止縫點進行一針回針縫。

3 縫份一致裁成0.6cm，由針趾處將2片一起摺疊，並以手指壓住，使縫份倒向深色布片側。全部製作7片此一小區塊，首先，併接3片。

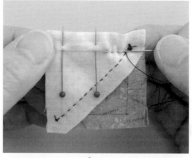

4 將2片步驟3的小區塊正面相對疊合，對齊記號處，並以珠針固定邊角與中心，依照步驟2的相同作法，由布端以平針縫縫至布端。

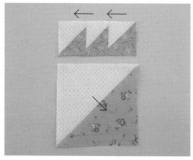

5 步驟4的縫份請倒向箭形符號指示的方向。接縫2片布片B後，將縫份單一倒向箭形符號指示方向，並與A的帶狀布併接。請先排列，以便確認縫合位置。

合印記號

只要於縫份處拉動縫線，即可輕鬆縫合。

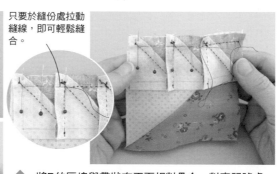

6 將B的區塊與帶狀布正面相對疊合，對齊記號處，以珠針固定邊角、接縫處、其間之後，再行縫合。為能漂亮地呈現布片A的邊角，於布片B描合印記號，則較容易固定（左上）。亦請同時一邊看著正面，一邊準確地固定（左下）。

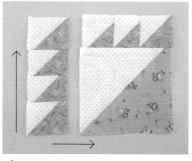

7 步驟6的縫份單一倒向布片B側，接著，併接4片A的小區塊，將縫份倒向箭形符號指示的方向，並與步驟6的區塊接縫。

8 將區塊正面相對疊合，以步驟6方法對齊記號處，以珠針固定。接縫處皆進行回針縫，縫份較厚部分，則以每針垂直出入針的上下挑針縫（一上一下交錯）進行縫合。

9 製作2片已接縫布片C與A的區塊。為避免弄錯布片A的方向，請先排列，以便確認縫合位置。縫份單一倒向布片A側。

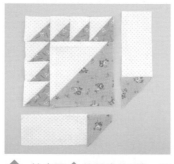

10 於步驟8的區塊的2邊，接縫上步驟9的區塊。縫份單一倒向步驟8的區塊側。

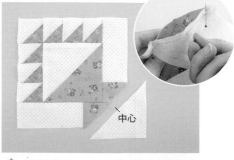

11 接縫布片D。於布片D的中心處添加合印記號，與區塊正面相對疊合，一邊看著正面，一邊對齊布片B的邊角與中心，並以珠針固定縫合。縫份請倒向區塊側。

中心

提籃圖案的
製圖作法與縫合順序

介紹刊載作品中運用圖案的縫合順序與製圖作法。
若能製作成喜愛的尺寸，設計的範圍將隨之擴大。
以縫份倒向的方向為一個例子，
您亦可依照配色及素材加以改變。

※箭形符號為縫份倒向的方向。

花籃……P.6　P.8

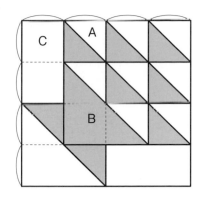
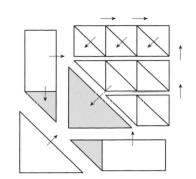

葡萄花禮水果籃……P.6

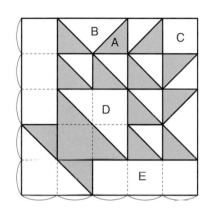
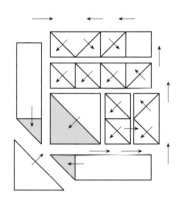

三角布片的籃子……P.12

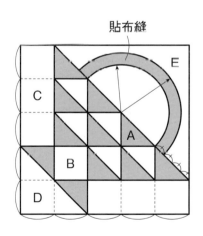
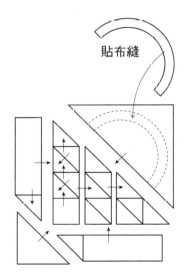

貼布縫

提籃……P.8

自行徒手描繪　貼布縫

貼布縫

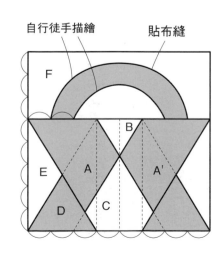
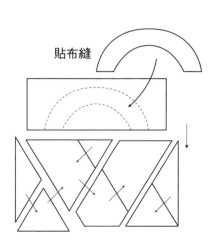

造型出色好攜帶的**便利手機包**

僅攜帶手機與卡片類小物就能出門的流行手機包。無論是要作為主包或布小物使用,都相當便利。不妨試著製作多種款式,依照各種情況使用吧!

攝影／腰塚良彥（作法流程）山本和正

於黑白單色調的籃子,裝飾色彩繽紛貼布縫花樣的扁平型小肩包。大小約可收納錢包及筆記本的尺寸。

設計・製作／柴田明美　17×22cm
作法P.81

接縫於後片上的口袋亦可收納卡片類小物。

縱長型的扁平款式,在黑白的單色調上,以貼布縫裝飾紅色的草莓,是一款非常適合春夏季節的設計。

設計・製作／柴田明美　19×13.5cm　作法P.81

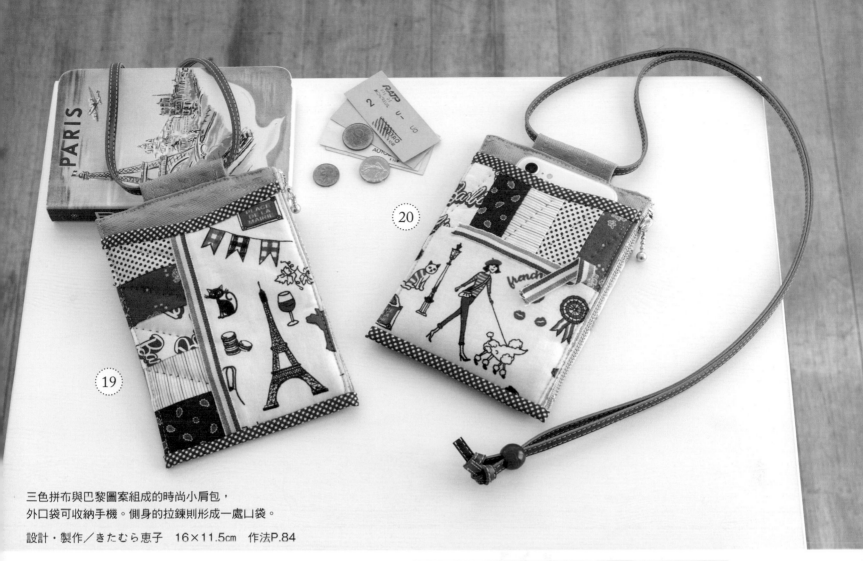

19

20

三色拼布與巴黎圖案組成的時尚小肩包，
外口袋可收納手機。側身的拉鍊則形成一處凵袋。

設計・製作／きたむら惠子　16×11.5cm　作法P.84

作品18為了使袋口能大幅度敞開，因而將拉鍊接縫至脇邊為止。

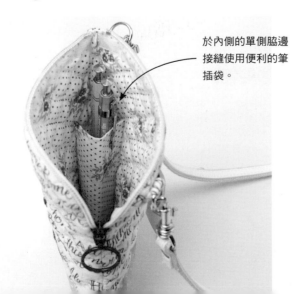

於內側的單側脇邊
接縫使用便利的筆
插袋。

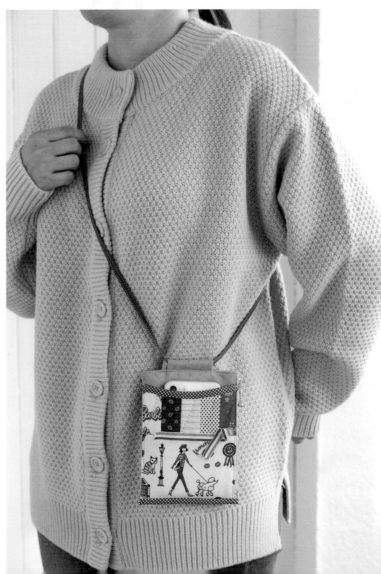

21

布料提供／ボナマテリア

將美式漫畫風的流行印花布與丹寧布料搭配，組成輕便的休閒款式。
為使花樣成為主角，進行簡單的壓線。

設計・製作／後藤洋子　20.5×17cm　作法P.78

後片是將印花布以MOLA民族風
貼布縫，製成各式各樣的形狀。

印花布部分作為口袋使用。
袋蓋則是以磁釦作固定。

內側是於3處縫上夾層，
並接縫了8個卡片口袋。

如同長夾形狀的小肩包,是將縫製成長方形的本體摺疊後製成。於上部及下部接縫拉鍊,作成2處袋口。

設計／中山しげ代　製作／石橋孝子
11.5×21.5cm　作法P.23

內側摺疊的部分成為夾層,袋身則接縫了3個卡片口袋。內附可掛伸縮拉環及鑰匙圈的吊耳。

下部的拉鍊如圖所示接縫。

●材料

通用 單膠舖棉25×25cm 胚布 60×30cm（包含口袋部分） 長20cm 拉鍊1條 FLATKNIT®創意拉鍊 95cm FLATKNIT®創意拉鍊用拉鍊頭1個 內徑尺寸1.3cm D型環 2個 直徑2cm・2.4cm包釦用芯釦 各1顆 寬1.5cm 皮帶7cm 直徑0.3cm 細圓繩7cm

No.22 各式A用布片 B至D用布 45×30cm（包含襠布部分）

No.23 各式A用布片 B用布25×5cm C用布35×30cm（包含襠布部分）

●作法重點

No. 23的小肩包，是將已拼接完成的布片A置放於布片B上，進行貼布縫，並與布片C接縫後，製作表布。於拼接部分與布片B的背面黏貼上舖棉。

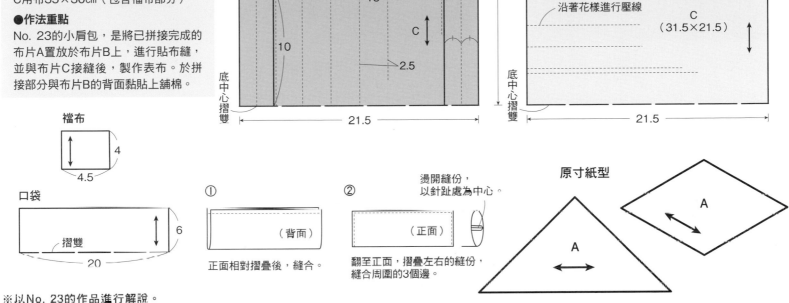

襠布

口袋

① 正面相對摺疊後，縫合。

② 翻至正面，摺疊左右的縫份，縫合周圍的3個邊。

燙開縫份，以針趾處為中心。

原寸紙型

A

A

A

※以No. 23的作品進行解說。

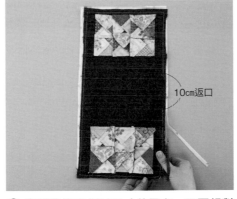

10cm返口

❶ 拼接4片布片A之後，製作12片表布圖案，並與布片B至D接縫後，製作表布。

❷ 準備與表布相同尺寸的胚布，正面相對疊合後，以珠針固定，預留返口，縫合周圍。將多餘縫份裁剪整齊。

❸ 僅限於表布圖案與布片B、其左右的布片部分，以熨斗燙貼上單膠舖棉（以熨斗由表布側開始燙貼）。上下為原寸裁剪，左右則黏貼至縫份部分。

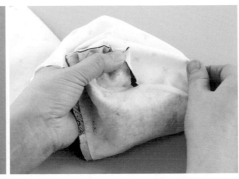

❺ 將骨筆的前端貼著邊角處，以便作出漂亮的尖角，並整理全體的形狀（參照P.61）。

❹ 修剪四個角落的邊角，並於針趾的邊緣摺疊縫份，一邊以手指牢牢壓住，一邊翻至正面。

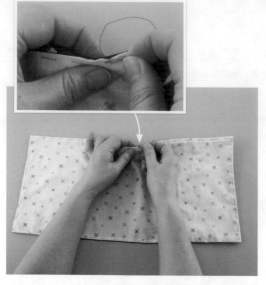

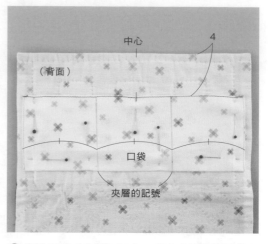

⑥ 將周圍進行疏縫，並以梯形縫將返口處縫合固定。

⑦ 由中心往外，依照十字→其間的順序進行疏縫，並進行壓線。

⑧ 製作口袋（參照P.23），畫上夾層的記號後，置放於接縫位置上，以珠針固定。

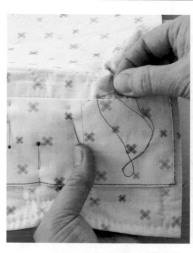

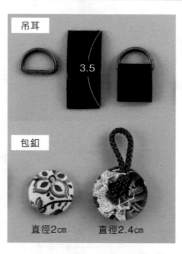

⑨ 將袋口除外的周圍進行藏針縫。挑針至舖棉處，縫合夾層。袋口部分進行回針縫，牢牢縫合固定。

⑩ 準備皮帶與D型環，將皮帶穿過D型環（製作2個）。製作2顆包釦，其中一顆將接成圈狀的細圓繩縫合固定。

⑪ 置放在接縫吊耳的位置上，並使用提把接縫專用線等的粗線，以毛邊繡縫合固定。亦可使用皮革以外的織帶。

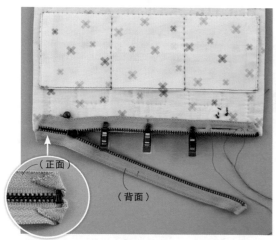

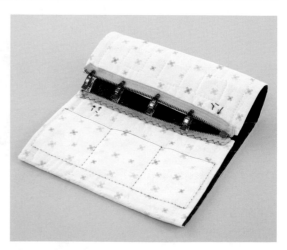

⑫ 將拉鍊置放於本體的袋口上，疊合中心處，使袋口端與拉鍊排齒對齊一致，並以強力夾固定。將織目的轉折處進行星止縫。拉鍊端請事先往正面側摺疊後，縫合固定。

⑬ 不剪線，接續將拉鍊端進行千鳥縫。

⑭ 另一側的袋口亦以相同作法製作，接縫拉鍊。

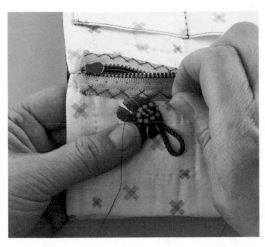
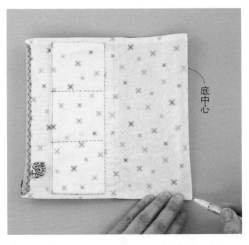

⑮ 為了隱藏皮帶的針趾，因此置放上包釦，一邊
以手指牢牢壓住，一邊進行藏針縫。

⑯ 將本體正面相對對摺，並以筆於褶線上描畫
底中心的記號。

⑰ 將本體翻至正面，於表布圖案的邊緣處摺疊，對
齊兩側脇邊的邊端後，以強力夾固定。

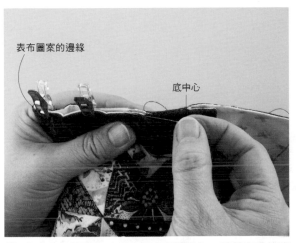
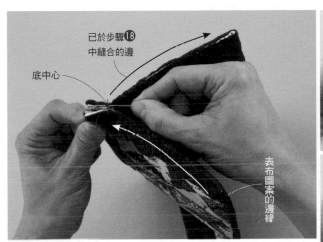

⑱ 由底中心往邊角（表布圖案的邊緣），挑針表布的邊
端，進行梯形縫。

⑲ 另一側亦於表布圖案的邊緣摺疊，並以強力夾固定。
這次則是由邊角（表布圖案的邊緣）開始縫合，待縫
合至底中心時，直接縫合至袋口端。

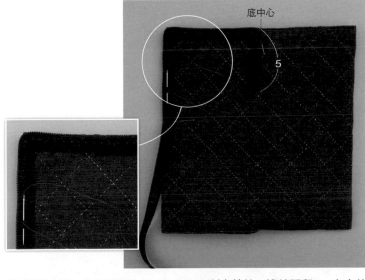
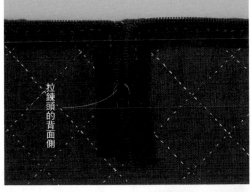
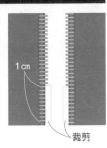

⑳ 攤開本體，於周圍縫上FLATKNIT®創意拉鍊。邊端預留5cm左右的
多餘部分，並由底中心將邊端與拉鍊排齒對齊後，置放上去，一邊以
珠針固定，一邊進行星止縫。邊角處則像是順沿似的摺疊。

㉑ 待縫合完一圈之後，穿
入拉鍊頭。將拉鍊鍊齒
突出的地方裁剪掉1cm，
拉鍊頭就會變得更容易
放入。

㉒ 將拉鍊的排齒部分縫合固
定之後，裁剪掉多餘部
分，並將拉鍊端進行千鳥
縫。將襠布置放於拉鍊
端，進行藏針縫。

您也嚮往丹麥人的 *Hygge* 精神嗎？

日本拼布名師 —— 柴田明美

以 *Hygge* 的手作態度
製作率性可愛又優雅的拼布作品，
與老師一樣崇往自由創作的您，一定也會喜歡！

日本拼布名師 —— 柴田明美以「安逸悠然（Hygge）」這句話為創作起點，在這本創作書中設計並收錄40多件極具Hygge風格的拼布作品。對丹麥人而言，「安逸悠然（Hygge）的態度，不論是在時間的利用上，也落實在日常生活裡，他們不放置多餘的東西、珍惜物品、充分打造舒適安逸的空間，與感受溫馨的生活態度，珍惜凡事不強求的生活方式，是柴田明美老師一直以來憧憬嚮往的心情，這與Hygge這樣的精神恰好是一致的，因此她走訪丹麥、芬蘭、愛沙尼亞，在旅行生活的途中，尋找手作靈感，並將安逸悠然（Hygge）的元素，放進創作中，呈現極具北歐特色的各式拼布作品，讓人在翻閱本書時，不僅能夠得到許多創意啟發，更能獲得一種手作獨有的療癒抒發，借由柴田老師的作品及介紹，彷彿亦置身在丹麥人的日常，與其一同感受安逸悠然（Hygge）的美好。

本書收錄作品附有詳細圖解作法、基本教學，內附兩大張紙型＆圖案，請跟著柴田老師一起以拼布享受安逸悠然（Hygge），愉快地手作，優雅的生活吧，喜歡手作，就是Hygge！

柴田明美的植感拼布：
愉快地手作，優雅的生活

柴田明美◎著
平裝 96 頁／ 21cm×26cm ／
全彩／定價 520 元

內附兩大張紙型

以拼接與貼布縫
描繪的花朵拼布

本單元為讀者們介紹以拼接圖案及貼布縫方式，體驗鮮豔華麗之花朵設計樂趣的拼布與小物。
是適合裝飾於春季時節使用的典雅作品。

運用深淺的粉紅色進行配色的花瓣，內部無填塞棉花，縫製成扁平狀。
於素面區塊上，將花水木的花樣進行壓線，使餐桌增添幾許華麗感。

設計・製作／熊谷和子（うさぎのしっぽ）
53.5×104.5cm　作法P.87

花水木

25

使用明亮色彩的混染布，
讓9色花朵爭奇鬥艷的壁飾。
外框飾邊配置淺色系，使花朵
看起來更顯立體感。

設計・製作／西田寿代
54×54cm　作法P.69

26

全部使用先染布進行配色的手提
袋，素雅的花朵顯得格外出色。
於茶色系的本體上，盡情盛開的
淺色花瓣更引人注目。

設計・製作／西田寿代
25×35cm　作法P.88

（27）

（28）

玫瑰迷你拼布框飾

將以花朵圖案印花布進行拼接的玫瑰花樣，收存於繡框中，製成的拼布框飾。將中心的布片配置成大花樣的玫瑰，展現出不容忽視的存在感。

設計・製作／本島育子　直徑18cm

迷你拼布框飾

●材料（1件的用量）

各式拼接用布片 G用布 30×30cm 舖棉、胚布 各25×25cm 寬0.5cm 波浪形織帶 55cm 襠布用不織布20×20cm 直徑18cm繡框1個 25號繡線粉紅色或橘色・白色、白玉拼布（素壓）用毛線各適量

●作法順序（相同）

進行拼接後，製作表布→疊合上舖棉與胚布之後，進行壓線→於外側的壓線部分進行素壓（參照P.61）→以法國結粒繡將波浪形織帶接縫固定→依照圖示進行縫製。

※原寸紙型B面⑫。

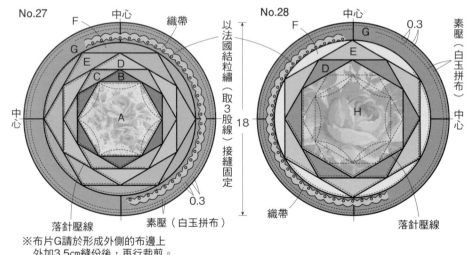

No.27　F　中心　織帶
G　E　D
C　B
中心　　A　　中心
以法國結粒繡（取3股線）接縫固定
落針壓線　　素壓（白玉拼布）
※布片G請於形成外側的布邊上外加3.5cm縫份後，再行裁剪。
※基礎刺繡請參照P.101。

No.28　中心
F　G　0.3
E　素壓（白玉拼布）中心
D
18　H
0.3
織帶　　落針壓線

縫製方法

襠布

（原寸裁剪）

18.2

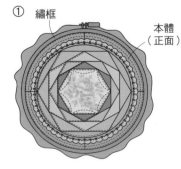

① 繡框
本體（正面）

將周圍外加3.5cm縫份，再行裁剪的本體安裝於繡框中。

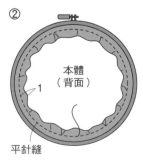

②
本體（背面）
1
平針縫

將縫份進行平針縫之後，拉線收緊，並將縫份倒向內側。

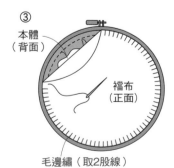

③
本體（背面）
襠布（正面）
毛邊繡（取2股線）

疊合上襠布之後，以法國結粒繡接縫固定。

「古典花園」壁飾

以銳角布片描繪花朵的表布圖案。除了葉子的布片以外，配置成相同的一片布，再與繡上小花的區塊作組合。

設計・製作／西澤まり子　88.5×88.5㎝

(29)

壁 飾

●材料（1件的用量）
各式拼接用布片　M・N用布45×30㎝
O用布70×20㎝　P用布80×50㎝　Q用布
90×15㎝　滾邊用寬4cm 斜布條360cm　舖
棉、胚布各90×90㎝　直徑0.6㎝閃亮飾片
片、直徑0.2㎝ 珠子各16顆　寬1.3㎝ 蕾絲
360cm　25號紅色、黃色、綠色段染繡線
適量

●作法順序
拼接布片A至H'，製作9片表布圖案，拼接
布片H至I，製作4片已刺繡（參照
P.101）的區塊，並與布片J至N接縫→於
周圍接縫上布片O至Q，製作表布→疊放
上舖棉與胚布之後，進行壓線→將蕾絲接
縫固定於布片Q上→將周圍進行滾邊（參
照P.66）。

※布片A至I的原寸紙型與壓線圖案
　紙型A面①。

※閃亮飾片與珠子
接縫在喜歡的位置上。

原寸紙型

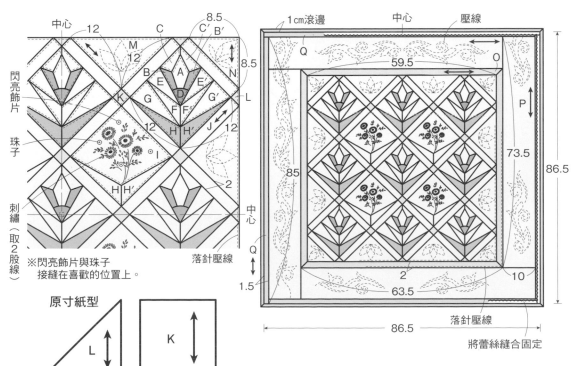

將蕾絲縫合固定

30

於花朵圖案與格紋先染布的本體上，以雛菊般的圓形花朵進行貼布縫的波奇包。將花蕊點綴上星形鈕釦，並於花朵的周圍裝飾上八字結粒繡，作為重點裝飾。

設計／熊谷和子（うさぎのしっぽ）
製作／上野淑子　13×20cm

作法

●材料
各式拼接用布片、貼布縫用布片、襠布用布片　E・G用布、F用布各25×15cm　舖棉、胚布各40×25cm　裡袋用布30×25cm　長20cm拉鍊1條　花形鈕釦寬0.6cm 4顆、寬0.9cm 1顆　25號白色繡線適量

●作法順序
拼接布片A至E，製作前片的表布；拼接布片F與G，製作後片的表布→進行貼布縫→疊放上舖棉與胚布之後，進行壓線→進行刺繡（參照P.101）之後，縫上鈕釦→縫合尖褶→依照圖示進行縫製。

※原寸紙型B面⑤。

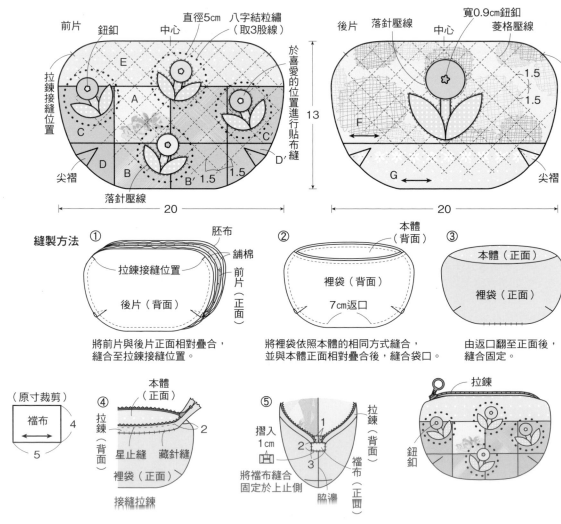

前片　鈕釦　中心　直徑5cm　八字結粒繡（取3股線）
E
拉鍊接縫位置
C
A
C'
D
B　D'
B'　1.5
尖褶　1.5　1.5
落針壓線
於喜愛的位置進行貼布縫
13
20

後片　落針壓線　中心　寬0.9cm鈕釦　菱格壓線
F
1.5
1.5
拉鍊接縫位置
G
尖褶
20

縫製方法

① 胚布　舖棉　前片（正面）
拉鍊接縫位置
後片（背面）
將前片與後片正面相對疊合，縫合至拉鍊接縫位置。

② 本體（背面）
裡袋（背面）
7cm返口
將裡袋依照本體的相同方式縫合，並與本體正面相對疊合後，縫合袋口。

③ 本體（正面）
裡袋（正面）
由返口翻至正面後，縫合固定。

尖褶的縫法
前片（背面）
後片（背面）
縫合尖褶，縫份於前片、後片及裡袋處，倒向相反側。

裡袋（背面）

（原寸裁剪）
襠布
4
5

④ 本體（正面）
拉鍊（背面）
星止縫　藏針縫
裡袋（正面）
接縫拉鍊

⑤ 摺入1cm
1
2
3
將襠布縫合固定於上止側
拉鍊
襠布（正面）
脇邊
本體（背面）

拉鍊
鈕釦

32 ※裡袋是使用與本體相同尺寸的一片布。

以雙層的六角形拼接包圍水仙、罌粟花、番紅色
等8種花卉，並以先染布整合成素雅質感的迷你壁
飾。花莖及葉子的刺繡則使用粗的段染線，縫製
出紮實的細節。

設計／加藤礼子　製作／国分郁子
29×30cm　作法P.89

使用韓國NUBI努比布
製作的簡單拼布

呈現出細緻長條狀壓線的韓國壓線鋪棉布料「NUBI努比布」，
在手作業界蔚為話題。試著加入貼布縫或刺繡點綴，以唯有拼
布人才有的設計來作看看吧！

攝影／山本和正　插圖／三林まし子

添加了貼布縫的
NUBI努比布與收納籃

使用明亮的黃色NUBI努比布，並於周圍進行貼布縫的圓弧花樣
與鬱金香上，添加壓線。也請一併製作成組可收納寶寶隨身小
物及玩具等物品的收納籃。

設計・製作／中村麻早希
嬰兒蓋毯 81.5×81.5cm
收納籃 高12cm 寬24cm
兔子布偶 身長19.5cm
作法P.35

34

33

32

輕柔薄滿的壓線布料「NUBI努比布」
施作寬約0.7cm的壓線，蓬鬆且輕柔的質感為其特徵所在。
顏色數量亦豐富多選。
NUBI努比布提供／日本紐釦貿易株式會社

嬰兒蓋毯與收納籃

■材料
嬰兒蓋毯　各式貼布縫用布片　A用布2種各90×20cm　NUBI布料90×90cm
滾邊用寬3.8cm 斜布條330cm　25號繡線適量
收納籃　各式貼布縫用布片　NUBI布料55×50cm（包含提把部分）　裡布
45×45cm　寬2cm 蕾絲45cm　25號繡線適量

■作法順序
嬰兒蓋毯　裁剪NUBI布料，進行貼布縫與刺繡→於貼布縫部分進行壓線→將周圍進行滾邊。
收納籃　裁剪NUBI布料，進行貼布線與刺繡→於貼布縫部分進行壓線→製作提把→依照圖示進行縫製。
※NUBI布料請預留較多一些的縫份，縫合之後再適量裁剪掉多餘的縫份。
※基礎刺繡請參照P.101。
※原寸貼布縫圖案紙型B面⑦。

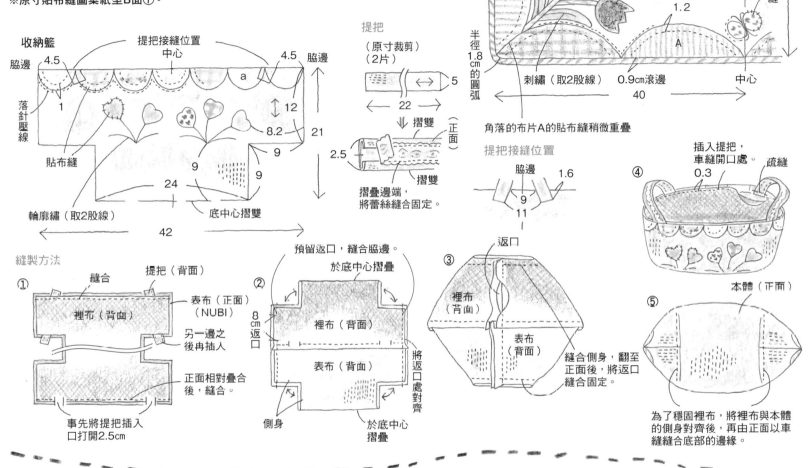

嬰兒蓋毯

中心
落針壓線
貼布縫
半徑1.8cm的圓弧
刺繡（取2股線）
0.9cm滾邊
中心
40
40
1.2
0.7
A
貼布縫
角落的布片A的貼布縫稍微重疊

收納籃

提把接縫位置
中心
4.5　4.5
脇邊　脇邊
落針壓線
1
貼布縫
a
12
8.2
21
9　9
輪廓繡（取2股線）
底中心摺雙
24
42

提把
（原寸裁剪）（2片）
22　5
摺雙
正面
2.5
摺雙
摺疊邊端，將蕾絲縫合固定。

提把接縫位置
脇邊　1.6
9
11

插入提把，車縫開口處
疏縫
0.3
④

本體（正面）
⑤

為了穩固裡布，將裡布與本體的側身對齊後，再由正面以車縫縫合底部的邊緣。

縫製方法

① 縫合　提把（背面）
裡布（背面）
表布（正面）（NUBI）
另一邊之後再冉插人
正面相對疊合後，縫合。
事先將提把插入口打開2.5cm

② 預留返口，縫合脇邊。
於底中心摺疊
8cm返口
裡布（背面）
表布（背面）
側身
於底中心摺疊
將返口處對齊

③ 返口
裡布（背面）
表布（背面）
縫合側身，翻至正面後，將返口縫合固定。

兔子布偶

■材料（1件的用量）
格織鬆餅布 40×25cm　下部用布 20×10cm
貼布縫用布、25號繡線、手藝填充棉花各適量
※圖案原寸紙型B面①。

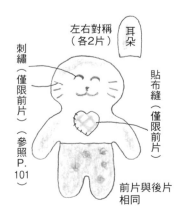
左右對稱（各2片）　耳朵
刺繡（僅限前片）（參照P.101）
貼布縫（僅限前片）
前片與後片相同

耳朵
（正面）（背面）
將2片正面相對疊合，縫合。
由返口翻至正面
（正面）
填塞棉花

前片
（正面）（背面）
將上部與下部縫合
進行貼布縫

填塞棉花

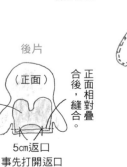
後片
（正面）（背面）
5cm返口
事先打開返口

縫製方法
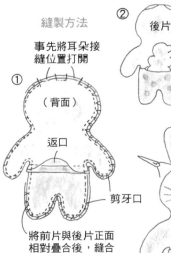
① 事先將耳朵接縫位置打開
（背面）
返口
正面相對疊合後，縫合
剪牙口
將前片與後片正面相對疊合後，縫合周圍，並由返口翻至正面。

② （正面）
後片
由返口處填塞棉花

③
①插入耳朵，進行藏針縫。
②於臉部上進行刺繡。

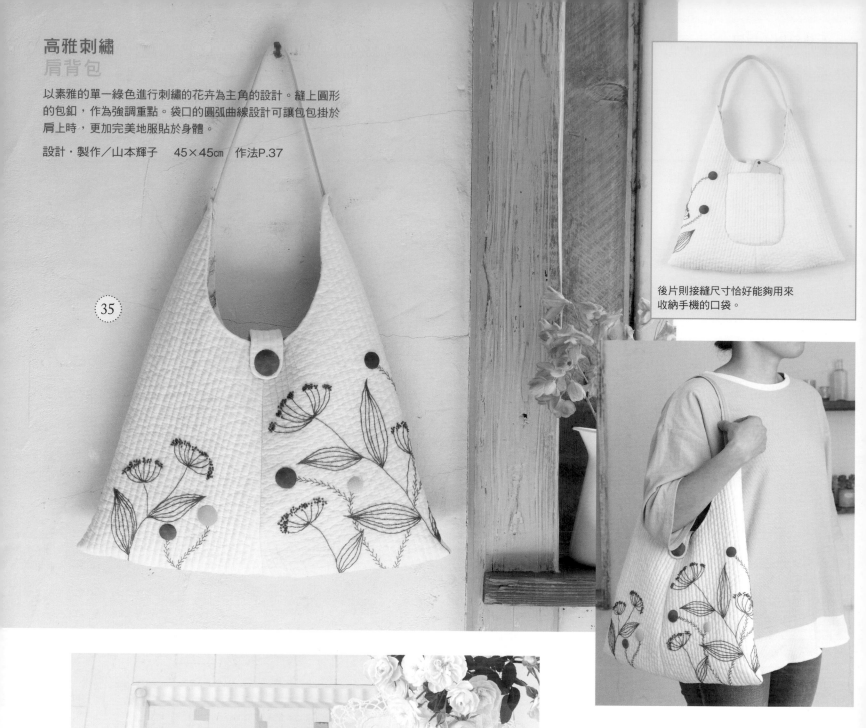

高雅刺繡
肩背包

以素雅的單一綠色進行刺繡的花卉為主角的設計。縫上圓形的包釦，作為強調重點。袋口的圓弧曲線設計可讓包包掛於肩上時，更加完美地服貼於身體。

設計・製作／山本輝子　45×45cm　作法P.37

後片則接縫尺寸恰好能夠用來收納手機的口袋。

單色系小肩包

在有溫度的灰色NUBI布上，將黑色與灰色的一朵花進行貼布縫。簡單的直條紋壓線非常適合平常使用。後片則作成了拉鍊口袋。

設計・製作／山本輝子　25×23cm
作法P.37

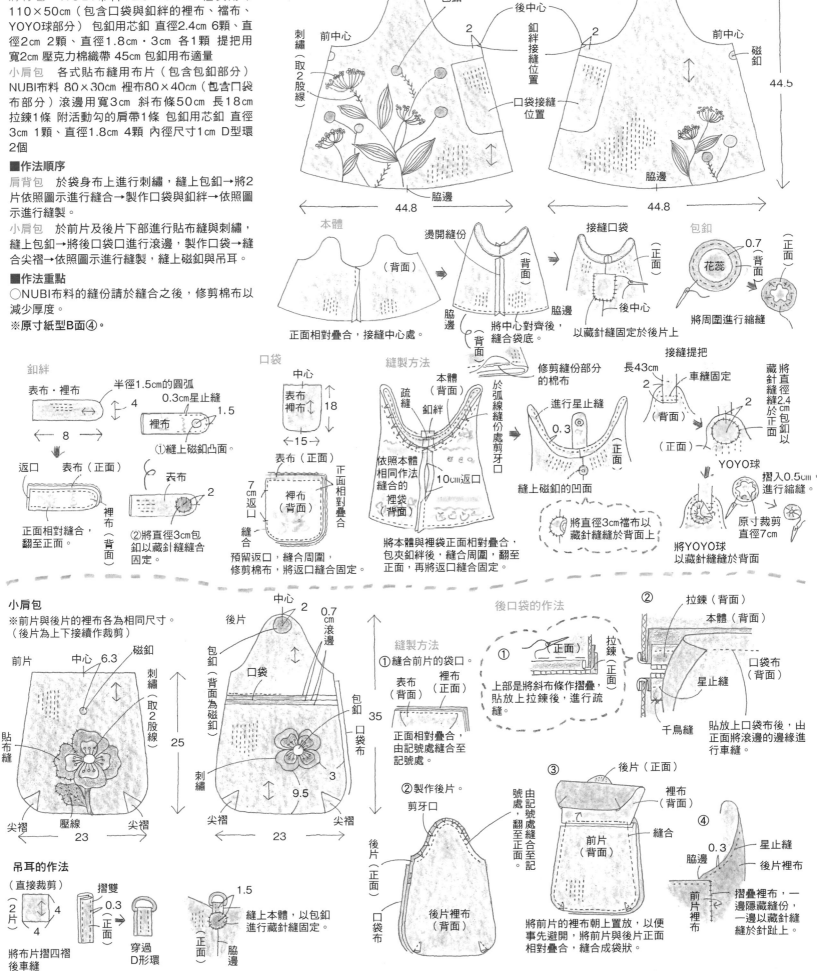

■材料

相同　直徑1.5cm 磁釦1組 25號繡線適量

肩背包　NUBI布料120×50cm 裡袋用布110×50cm（包含口袋與釦絆的裡布、襯布、YOYO球部分）包釦用芯釦 直徑2.4cm 6顆、直徑2cm 2顆、直徑1.8cm・3cm 各1顆 提把用寬2cm 壓克力棉織帶45cm 包釦用布適量

小肩包　各式貼布縫用布片（包含包釦部分）NUBI布料 80×30cm 裡布80×40cm（包含口袋布部分）滾邊用寬3cm 斜布條50cm 長18cm 拉鍊1條 附活動勾的肩帶1條 包釦用芯釦 直徑3cm 1顆、直徑1.8cm 4顆 內徑尺寸1cm D型環2個

■作法順序

肩背包　於袋身布上進行刺繡，縫上包釦→將2片依照圖示進行縫合→製作口袋與釦絆→依照圖示進行縫製。

小肩包　於前片及後片下部進行貼布縫與刺繡，縫上包釦→將後口袋口進行滾邊，製作口袋→縫合尖褶→依照圖示進行縫製，縫上磁釦與吊耳。

■作法重點

○NUBI布料的縫份請於縫合之後，修剪棉布以減少厚度。

※原寸紙型B面④。

使用花朵圖案印花布製作春天波奇包

使用鮮明色調的花朵圖案帶出華麗多彩印象的波奇包,適合在春天使用。
本單元將為讀者介紹可多功能運用的包款形狀。

攝影/山本和正　插圖/三林よし子

使袋口呈現圓弧狀的四角形拼接波奇包,是將中心配置上大型布片,作為重點裝飾使用。橫長粽子型的尺寸為手掌般的大小。可收納鑰匙、硬幣及藥物等,或是用來存放裁縫的小工具,都相當的便利。LIBERTY印花布給人高尚雅緻的印象。

設計・製作/きたむら惠子
No.37　13×20cm
No.38　4.5×12cm
作法P.98

37

38

39

運用黃色LIBERTY印花布的零碼
布，製成引人注目的半圓筒波奇
包。以含羞草花樣的刺繡裝飾於
掀蓋，是一款極具春天氣息的設
計。

設計・製作／榊 真理子
11.5×23×9.5cm　作法P.85

以玫瑰花樣為主角，搭配上點點與格紋花樣，
再以粉紅色整合的橫長型波奇包。除了可當作
筆袋使用以外，亦可用來收納粉底刷等的化妝
刷具。

設計／岩崎美由紀　　製作／相澤則子
6.5×22.5cm　作法P.99

40

運用拼布
搭配家飾

運載

更加輕鬆地使用拼布裝飾居家吧！
本單元由大畑美佳老師提案，
介紹以能讓人感受到當季氛圍的拼布為主的美麗家飾。

42

41

女孩夢想
的房間

將明亮色彩的零碼布拼接而成的可愛床罩與枕頭套。對於居家裝飾感到興趣的女孩，不妨嘗試以喜歡的顏色製作。拼布的床罩亦可當成涼被使用，一年四季皆可使用。

僅將拼布枕頭套前側進行壓線。
枕頭套的置入口以綁帶繫成蝴蝶結，顯得格外可愛。
床罩的表布圖案，拼接了6片已接縫零碼布與白色布片的三角形區塊，
形成有如六角形環圈般的設計。

於細長形的愛心裡填塞棉花，
製作而成的門前裝飾，可掛於門把上使用。
繫上人造花及蕾絲，點綴得更顯高雅。

設計／大畑美佳
床罩、枕頭套製作／五十井惠子
門飾製作／大畑美佳
床罩 217.5×160.5cm　枕頭套 45×65cm
門飾 25.5×14.5cm
作法P.42、P.43

43

床罩

材料
各式拼接用布片、貼布縫用布片 A、C、DD'用布 110×100cm
E、F用布 110×170cm（包含滾邊部分） G、H用布180×80cm
舖棉、胚布各 90×450cm

作法順序
進行拼接後，製作六角形的區塊，與布片C至D'接縫後，依照圖示組合區塊→於周圍接縫上布片E至H→於布片G與H的喜歡位置上，進行貼布縫→疊合舖棉與胚布之後，進行壓線→將周圍進行滾邊（參照P.66）。

※布片A至D'與貼布縫（a至c）原寸紙型B面⑳。

貼布縫花樣的裁布圖

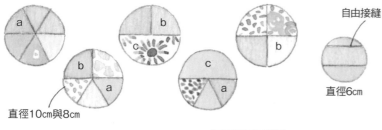

a

b
c
b
a
c
a

自由接縫

b

直徑6cm

直徑10cm與8cm

區塊組合方法

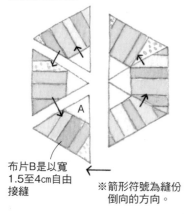

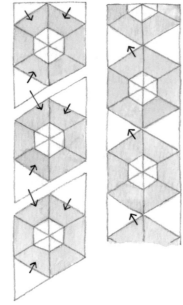

布片B是以寬1.5至4cm自由接縫

A

※箭形符號為縫份倒向的方向。

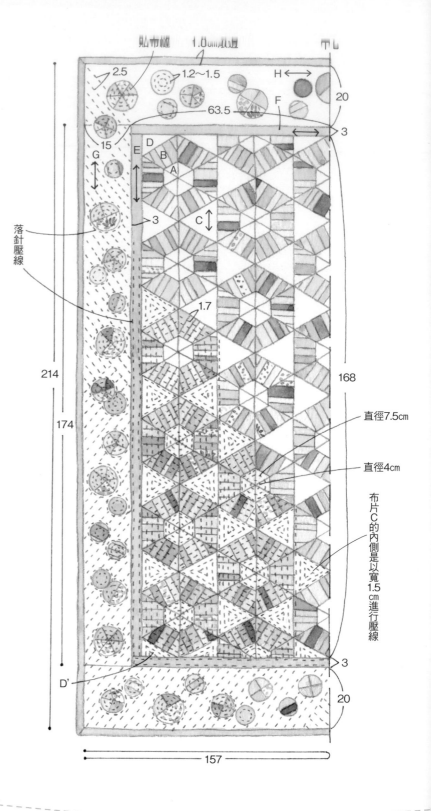

貼布縫　1.0cm壓邊

2.5　　1.2～1.5　　H
63.5
15　　　　　　　　F
落針壓線
G　E　D
B
A　　　3

3
C

20
3

1.7

214

174

直徑7.5cm

直徑4cm

布片C的內側是以寬1.5cm進行壓線

D'
3
20

157

168

門飾

材料
各式拼接用布片 舖棉、後片用布各
30×20cm 寬1.3cm緞帶45cm 寬2.5cm
蕾絲60cm 寬5.5cm人造花2片 直徑0.5
cm珍珠2顆 25號卡其色繡線、手藝填充棉花各適量

作法順序
依照圖示進行平針壓線翻縫之後，製作前片→進行刺繡→將前片與後片布正面相對疊合後，依照圖示般進行縫製→縫上以蕾絲繫成的蝴蝶結與人造花→接縫上緞帶。

※原寸紙型B面⑳。

1. 製作前片

①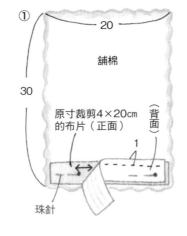

20

舖棉

30

原寸裁剪4×20cm的布片（正面）

（背面）

珠針

1

②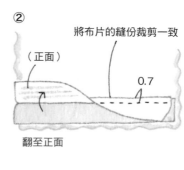

將布片的縫份裁剪一致

（正面）

0.7

翻至正面

③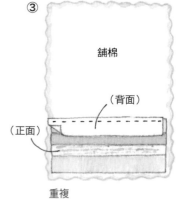

舖棉

（背面）

（正面）

重複

枕頭套

材料
各式拼接用布片 後片用布85×50㎝（包含貼邊部分） 綁帶用布35×30㎝ 舖棉、裡布各70×50㎝

作法順序
拼接布片A，製作前片的表布→疊放上舖棉與胚布之後，進行壓線→製作綁帶→依照圖示進行縫製。

1. 製作前片

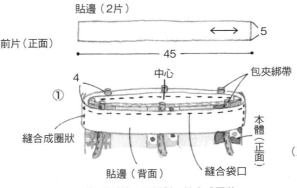

落針壓線
※後片為相同尺寸的一片布。

綁帶接縫位置
A 9
13
45
以7等分進行壓線
以5等分進行壓線
65
胚布
舖棉

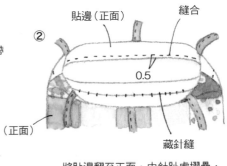

2. 將前片與後片正面相對，縫成袋狀。

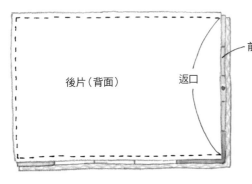

後片（背面）
前片（正面）
返口

3. 接縫貼邊

貼邊（2片）
5
45

① 縫合成圈狀
4
中心
包夾綁帶
貼邊（背面）
縫合袋口
本體（正面）

將2片貼邊正面相對，縫合成圈狀，疊放於本體上，再縫合袋口。

貼邊（正面）
縫合
②
0.5
（正面）
藏針縫

將貼邊翻至正面，由針趾處摺疊，前片進行藏針縫，後片縫合。

綁帶
（6片）
3
30
① 3 （背面）
1
1
1
② 摺雙
（正面）
1.5
對摺之後，進行車縫。

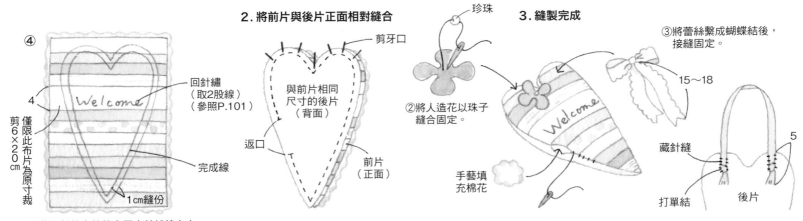

④
4
剪6×20㎝
僅限此布片為原寸裁剪
Welcome
回針繡
（取2股線）
（參照P.101）
完成線
1㎝縫份

待將全部的布片縫合固定於舖棉上之後，僅挑針至布片處，進行刺繡，並於完成線上外加縫份後裁剪。

2. 將前片與後片正面相對縫合

剪牙口
與前片相同尺寸的後片（背面）
返口
前片（正面）
完成線

3. 縫製完成

珍珠

②將人造花以珠子縫合固定。

手藝填充棉花

①翻至正面，填塞棉花，將返口進行藏針縫。

③將蕾絲繫成蝴蝶結後，接縫固定。
15～18

藏針縫
打單結
後片
5

④將緞帶打單結之後，接縫固定於後片上。

想要製作、傳承的
傳統拼布

攝影／山本和正

在此介紹長年以來一直持續鑽研拼布的有岡由利子老師，所製作的傳統圖案美式風格拼布。正因為我們身處於這個世代，更讓人想要返璞歸真，製作出懷舊且樸質的拼布。

44

能夠讓拼布人感到自豪，
以個人名稱命名的表布圖案

拼布的表布圖案有取用個人名稱的圖案，其中也不乏許多都是「～的選擇」。除了不知名的個人名稱之外，另外還有取自於名人政治家的名字圖案，日語中被稱為「～的喜好」、「～的最愛」。由於幾乎都是將傳統表布圖案的設計重新配置的圖案，因此也有幾種名字不同的相似設計。雖然是當作生活用品而製作的拼布，然而卻可以感覺到那想要在既存的表布圖案中作修改，創造出獨具個性之拼布人的氣魄及驕傲。

此拼布作品是將大小9片的表布圖案集結成的樣本拼布。於小圖案上添加格狀長條，進而組合，外框飾邊則作成了將古老拼布中常見的帶狀布拼接而成的設計。

設計・製作／有岡由利子　71×71cm　作法P.47

原先的表布圖案為古老的圖案

除了個人名稱以外的「祖母的選擇」、「母親的選擇」等的表布圖案，因為是取用某人的祖母及母親等人配置圖案的名稱，所以會有各種不同的設計。另外，「克萊的最愛」，則是用來讚頌活躍於19世紀前半葉的美國政治家亨利克萊（Henry Clay）而賦予的名稱。圖案被認為是原先的1800年代的傳統表布圖案。

● 庭園小徑（Garden Path）

● 流星（Shooting Star）

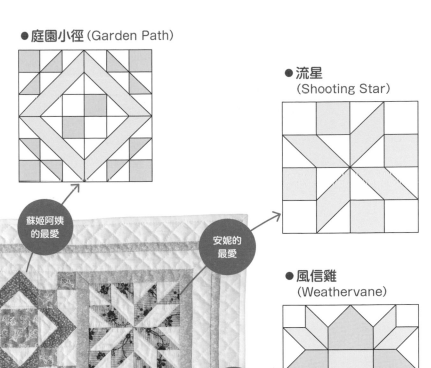

蘇姬阿姨的最愛

安妮的最愛

● 鐵砧（Anvil）

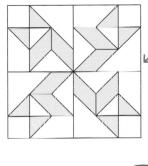

第一夫人塔虎脫的最愛

● 風信雞（Weathervane）

媽媽的最愛

● 轉動的風車（Rolling Pinwheel）

摩根夫人的最愛

● 閃耀之星（Trailing Star）

克萊的最愛

姐姐的最愛

小丑的最愛

奶奶的最愛

● 十字路上的蝴蝶（Butterfly at the Crossroads）

● 農夫的女兒（Farmer's Daughter）

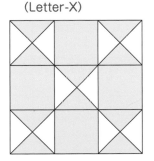

● 未知信（Letter-X）

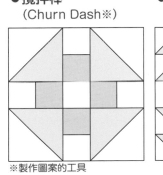

● 攪拌棒（Churn Dash※）

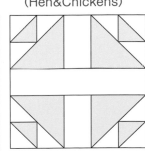

● 母雞與小雞（Hen&Chickens）

※製作圖案的工具

關於樣本拼布

美國西部拓荒時代的女性在結婚之前，具有習慣製作12至13片拼布的習俗，並將拼布的表布，存放在被稱為嫁妝箱的箱子裡。由於耗費長時間製作，以取得的布料或剩餘布片製作的表布圖案，具有各式各樣的顏色及尺寸。整理匯集這些布片，亦被製作成樣本拼布，為了統一，在圖案之間添加配布的格狀長條飾邊則被廣泛採用，有時也會將小型圖案放入外框飾邊上（右圖）。樣本拼布亦被當作是友誼拼布製作，可與朋友交換圖案，或是經由朋友取得收集。

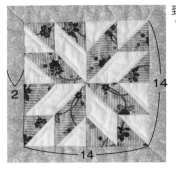

作品將18cm與14cm的圖案加以組合，並於14cm的圖案上添加格狀長條飾邊，以便使大小整齊一致。

不足的部分，接縫上布片。

為了調整尺寸的粗版格狀長條飾邊

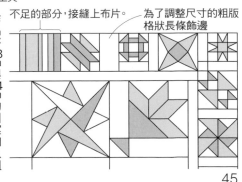

圖案的製圖作法與縫合順序

在此一律由記號處縫合至記號處，縫份倒向呈風車狀（一部分除外）。在縫合所有接縫處時，進行一針回針縫，以防止位置偏移，鑲嵌縫合則是每1邊以珠針固定後，再行縫合。縫份雖然是往箭形符號指示的方向傾倒，但因為是一個例子，所以亦可依據配色及素材加以改變。

ㄅ 第一夫人塔虎脫的最愛 (Mrs.Taft's Choice)

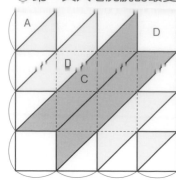
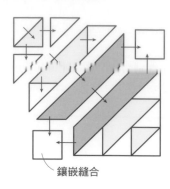

鑲嵌縫合

ㄠ 蘇姬阿姨的最愛 (Aunt Sukey's Choice)

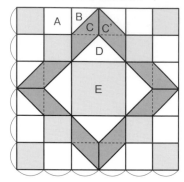
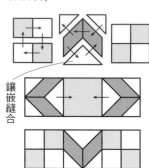

鑲嵌縫合

ㄇ 安妮的最愛 (Annie's Choice)

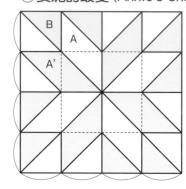
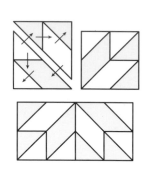

ㄈ 摩根夫人的最愛 (Mrs.Morgan's Choice)

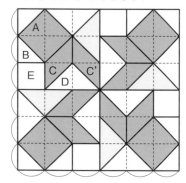
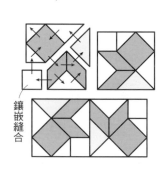

鑲嵌縫合

ㄉ 克萊的最愛 (Clay's Choice)

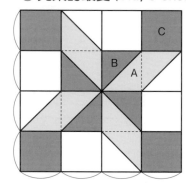
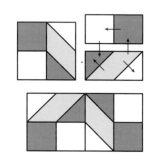

鑲嵌縫合

ㄊ 母親的最愛 (Mother's Choice)

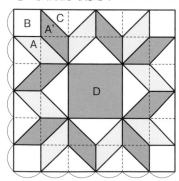
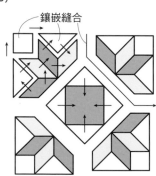

鑲嵌縫合

ㄋ 姐姐的最愛 (Sister's Choice)

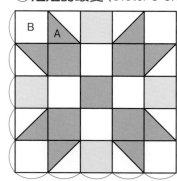
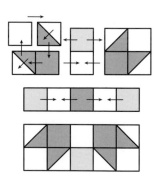

ㄌ 小丑的最愛 (Clown's Choice)

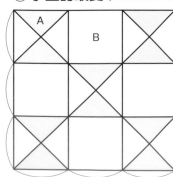
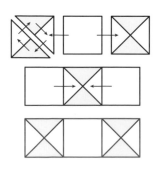

ㄍ 祖母的最愛 (Grandmother's Choice)

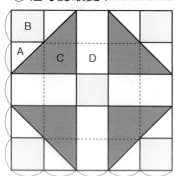
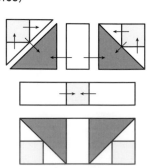

壁飾

●**材料**

各式拼接用布片 F、H用黃色印花布
110×30cm 原色素布110×130cm（包
含滾邊部分） 鋪棉、胚布各80×80cm

●**作法順序**

參照P.46，拼接ㄅ至ㄎ的表布圖案，並
於ㄅㄇㄉㄅㄍ的周圍接縫上布片ㄏ→將
表布圖案併接成3×3列，於周圍接縫上
布片G至I之後，製作表布→疊放上鋪棉
與胚布之後，進行壓線→將周圍進行滾
邊（參照P.66）。

※表布圖案ㄅ與布片F
　原寸紙型B面⑧。

原寸紙型

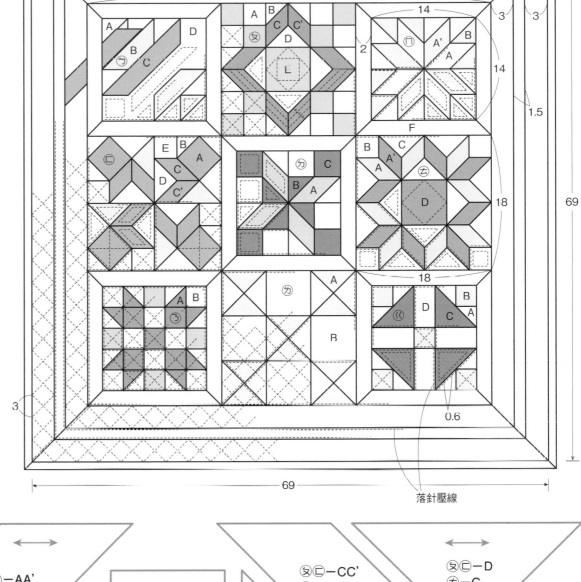

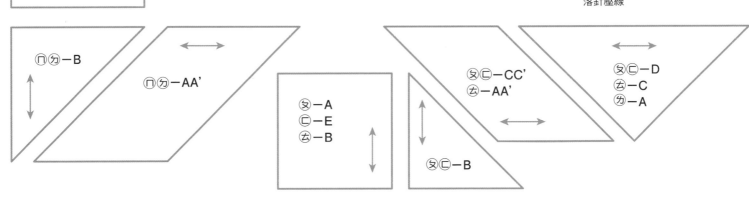

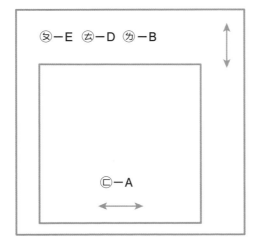

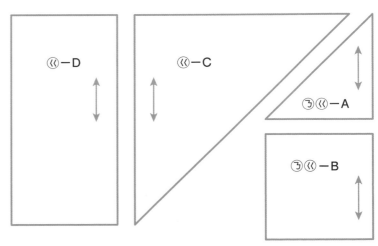

一邊學習基礎的配色技巧，一邊熟悉拼布特有的配色方法。第22回在於介紹如春天般清爽的配色方法。無論是運用減少色調的配色呈現和煦的陽光，或是透過有效的花朵圖案的使用方法表現帶有春意的季節。

指導／菊地昌恵

如春天般清爽的配色

陽光漸漸變得暖和的春天是眾所期待的季節。以春天為概念的顏色是淺粉紅色及橘色等柔和、帶有陽光氣息的色彩，或讓人聯想到新綠嫩芽的綠色。在此請學習將這些淺色調巧妙地組合，進行如春天般配色的祕訣吧！

減少配色數量化為簡單

運用單一綠色的深淺色

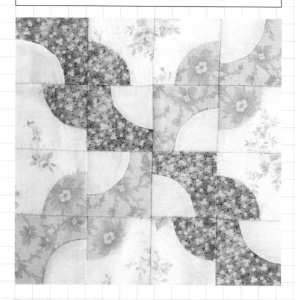

醉漢之路

於花樣上選擇若草色的深淺色，底色則使用淺淺的花朵圖案，增添華麗感。底色並非全部配置上花朵圖案，而是透過在各處加入原色的素布，使表布圖案清楚可見。

花紋的疏密與深淺

綠色的深色部分配置上小碎花，淺色部分則配置上大花樣增添變化。
並將大花樣中置入花朵圖案部分後裁剪，以提高花紋的密度。

素布　　小花菱紋布

底色同時使用小花菱紋布與素布

倘若將全部都配置上花朵圖案，整體將變得無法統一，因此添加了素布的原色。透過選擇與小花菱紋底色的相同色彩，不增加配色數量的條件下，也不會產生違和感。

以同系色進行整合

春美草

將春天到初夏盛開花卉的圖案，使用黃色至綠色的同系色進行整合。將花朵中心配置成白色的手法，營造視覺層次感。除了主要的花朵圖樣以外，挑選近似素布的布，襯托主角的醒目。

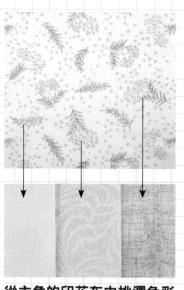

從主角的印花布中挑選色彩

當選擇1片由數色組成的印花布時，可藉由從其中所包含的色彩挑選其他布片的方式，達到全體統一整合的氛圍。

試著改變季節感

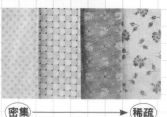

密集 ⟶ 稀疏

試著將左圖的表布圖案改變成秋天的印象。雖然是茶色的單一色彩，然而透過改變花樣疏密的方式，使表布圖案更顯出色。

原色的底色最為萬能

使用具有方向性的印花布

 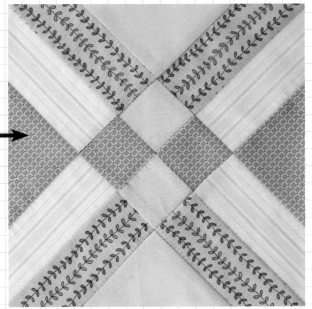

箭頭

在強調長形布片時，請使用直條紋等具有方向性的印花布。左圖若是在底色上使用淺藍色，會變得過於冷色調，因此將底色變更成淺駝色，添加春天的暖意。

具有方向性的花樣

如圖所示東西南北連接的花樣，透過同直條紋相同方向裁剪，即可呈現出往四面八方擴展的視覺效果。

直條紋也請選擇花樣

使用具有強弱感的直條紋時，可透過將深色條紋靠近集中布片中心處裁剪，使全體圖案看起來更加緊湊銳利。

控制色彩飽和度，增添春色。

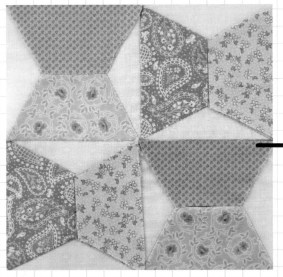 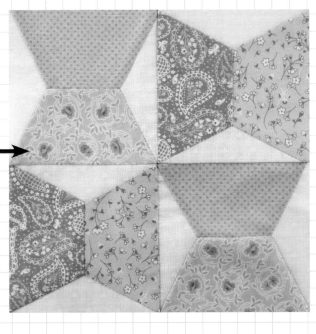

蜂巢

以聚集在春天花朵上的成群蜜蜂為印象，進行配色。左圖雖然選擇了鮮豔明亮的綠色與黃色，卻給人太過夏天的感覺。為了作出更恬靜一點的春天印象，變更成淺綠色與粉紅色。

關於彩度

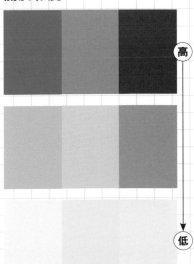

高

低

若在彩度高的色彩中，逐一混入白色及黑色，彩度就會隨之降低。混入白色，則會變成粉彩色。再者，若更進一步混入白色，就會變成雪酪色調。

花朵圖案的各種活用法

將花樣集中於一處

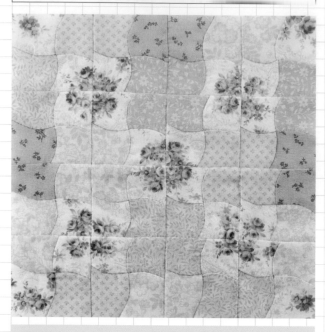

使用半透明的紙型

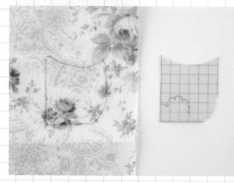

使用半透明的製圖板製作紙型，並事先於欲放入花樣的位置上作記號。
可使花樣收納在相同位置上進行的裁剪作業，更加便利。

整合色調

花朵圖案以外的布，可將近似素布的布料準備齊全。與稍微帶有黯淡感的粉紅色、淺駝色、黃色搭配色彩的色調，襯托出花朵圖案的醒目。

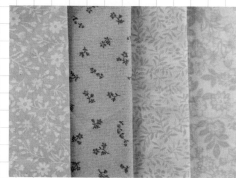

風扇

雖然是使用1種布片製作的小巧拼布圖案，然而若是將花朵靠近聚集在布片的一角裁剪，即可在4片布片的中心呈現出花束的模樣。這是唯有簡單的圖案才有的玩法。

以底色為主角

大花樣的使用方法

小花菱紋的深色玫瑰印花布，是一邊想像縫合完成的時候，一邊進行裁剪。四個角落的底色部分，則使用不包含深色玫瑰的部分裁剪。

點點花樣布與格紋花樣布

為了不要妨礙到玫瑰花樣印花布的特色，因此在粉紅色與紫色部分，選擇了近似素布的格紋棉布與水玉點點花樣布。相較於素布，也能稍微帶出律動感。

十三號廣場

將有如踏腳石般排列的正方形表布圖案，比擬作大朵玫瑰盛開的花壇，進行配色。使玫瑰花聚集靠近中央處裁剪布片。周圍則運用粉紅色與紫色，統整出雅緻的氛圍。

配合布片形狀進行裁布

扇貝形狀

收集粉紅色系等色澤柔美的布，完成零碼布片風格的拼布作品。由1塊花圖案印花布，裁剪2種布片，不需增加色數，也能展現精心的配色效果。

柔美典雅的重點配色

從粉紅色到黃色的淡雅暖色系，加入冷色系的冰藍色，表現乍暖還寒的春天氣息。

活用布片背面

布片正面的顏色、圖案太搶眼時，不妨使用背面。善加利用布片背面的配色效果，可大大地增加手邊現有用布數量。

配合花圖案的曲線

以P.50的半透明製圖膠板完成紙型，曲線位置作記號之後，進行裁布。使用印著小方格的製圖膠板更加便利。

直接運用大花圖案

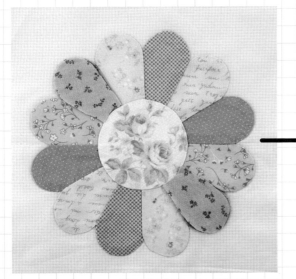 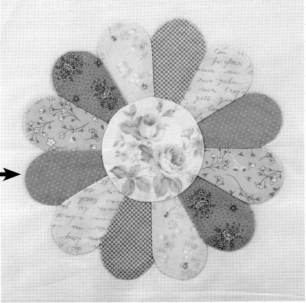

德勒斯登圓盤

中心的圓形部分面積大，毫不猶豫地使用大花圖案，當作圖案中主要部分。左圖完全使用淡雅色彩而顯得太樸素，將淺米黃色布片換成茶色布片，成為重點配色，圖案更有層次更加亮眼。

加入沉穩典雅色彩

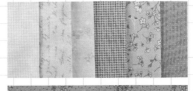

除了主要顏色之外，統一採用淡雅粉嫩色彩，難以構成亮眼配色，特別加入沉穩典雅茶色，完成更加耐人尋味的色彩搭配。

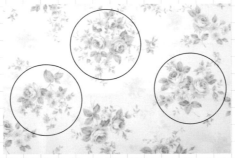

大花圖案的運用技巧

從許多不規則配置的花朵圖案之中，挑選適合裁剪圓形布片，範圍內正好有2朵花的部分善加利用。依照圓形布片大小，挑選3朵或1朵花的部分亦可。

生活手作小物

攝影／山本和正

◆溫馨風格的春感拼布家飾◆

座凳套

將24個牛奶盒分別摺成三角柱狀，組合成六角形，製成座凳。座面進行貼布縫，完成「德勒斯登圓盤」圖案，拼接花朵與葉片，圍繞側身並排接縫一整圈，構成華麗耀眼的作品。

設計・製作／山崎良子　寬32cm×高20.5cm

作法　P.96

茶壺造型保溫罩

以淺茶色系零碼印花布片完成配色，製作的扁平茶壺保溫罩。飲茶時間更添意趣的設計。

設計・製作／川村敬子　20×28.5cm

作法　P.97

菱形圖案肩背包

以菱形布片接縫典雅色彩零碼布片，進行人字繡，裝飾接縫處。搭配白色素布，完成清新優雅的肩背包。

設計・製作／松本真理子　21.5×25cm

作法　P.91

袋蓋肩背包

以深淺粉紅色布片，構成本體與袋蓋配色。大、中花樣印花布進行四角形拼接，
完成袋蓋，再以一整片素布，進行雙線方格狀壓線，
完成袋身。安裝磁釦部位夾縫穗飾，成為重點裝飾。

設計・製作／辻 寿美　24×23cm

作法　P.90

馬賽克圖案子母包三件組

拼接「馬賽克」圖案，依序完成手提袋、肩背包、手機袋，構成子母包三件組。手提袋的圖案部分作成口袋。肩背包可取下肩背帶，放入手提袋裡當作袋中袋，三個包可組合運用一起攜帶外出。

設計・製作／平松和美
No.49　29×36cm　No.50　16.5×23cm
No.51　16×10cm
作法　P.92

手提袋的圖案部分車縫隔層，作成按釦口袋與開式口袋。

肩背包可當作袋中袋，放入手提袋大小剛剛好。

拼接教室

花水木

攝影／山本和正

圖案難易度

花瓣尖端呈現立體狀態的四照花圖案眾所皆知，這是由2個區塊組合而成的設計構想。交互接縫區塊，就可以完成P.56般布滿漂亮花朵的作品。配色時突顯曲線狀布片，強調花朵形狀。

指導／本島育子

萌黃色荷葉邊抱枕

以灰色與黃綠色布片完成沉穩配色，自然地融入居家設計。納入一整個花朵，分割區塊，花朵與葉片模樣壓線部分，進行白玉拼布。對摺布片，形成更多皺褶，接縫於周圍，完成挺度十足的荷葉邊。

設計・製作／本島育子　43×43cm

作法P.58

詳細解說
製作步驟

52

雙色花繽紛綻放的壁飾

以紅色與藍色綿色布片，完成曲線區塊配色，接縫成
5×5列。以花圖案印花布邊飾彙整區塊，完成華麗
繽紛，洋溢春天氣息的設計。

設計・製作／本島育子　79.5×79.5m
作法P.100

53

區塊中心進行壓線，完成四照花模樣。

56

區塊的縫法

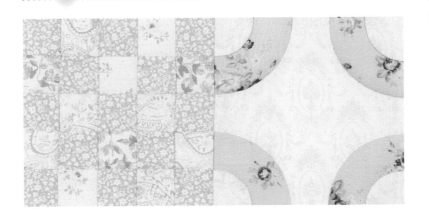

＊縫份倒向

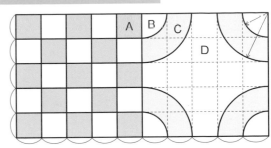

分別拼接四角形與曲線狀布片，依序完成小區塊，接縫成大區塊。拼接25片A布片，接縫成5×5列，完成四角形大區塊。拼接B與C布片，完成4個扇形小區塊，接縫D布片，完成曲線狀大區塊。拼接曲線部位時，對齊合印記號，以珠針細密固定，仔細地接縫。陡峭曲線部位先縫合一半，分兩次縫合更容易完成接縫。

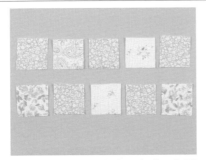

1 拼接25片A布片，完成四角形大區塊。布片背面疊合紙型，以2B鉛筆等作記號，預留縫份約0.7cm，進行裁布。依圖示分別並排5片構成配色。

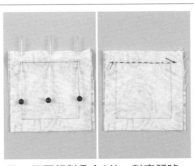

2 正面相對疊合2片，對齊記號，以珠針固定兩端與中心。由布端開始，進行一針回針縫之後，進行平針縫，縫合終點再進行一針回針縫。縫份整齊修剪成0.6cm。

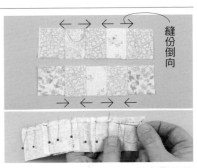

3 分別接縫5片布片，完成帶狀區塊，上、下區塊縫份交互倒向不同側。正面相對疊合帶狀區塊，以珠針固定接縫處與兩者間，進行平針縫。接縫處進行一針回針縫，避免綻開。

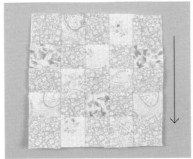

4 以相同作法完成另外3個區塊。確定縫份倒向，一起倒向相同側。圖示中倒向下側。

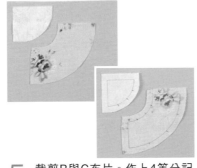

5 裁剪B與C布片。作上4等分記號，共作3處。預留曲線部位縫份時減少0.5cm，正面相對疊合布片更為容易。

6 正面相對疊合2片，對齊記號，以珠針固定一半。固定邊端記號與合印記號之後，也固定兩者間。一邊看著背面側，仔細地固定，避免曲線部位記號錯開位置。

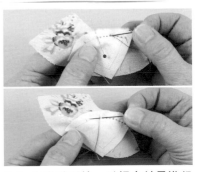

7 由布端開始，以細小針目進行縫合。縫至固定部位時，進行一針回針縫。

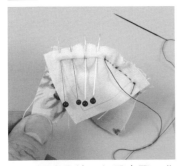

8 暫時休針，如同步驟6作法，以珠針固定另一半，縫至布端。縫份倒向凸側的B布片。此小區塊共完成4片。

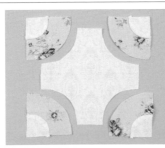

9 D布片的四個角上部位，分別接縫步驟8的小區塊。D布片的曲線部位，也作上3處合印記號。正面相對疊合小區塊與D布片，以珠針固定（固定平緩曲線時，一次就完成固定亦可），進行縫合。

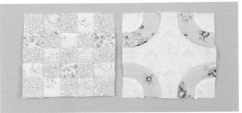

10 步驟9的縫份倒向小區塊側。正面相對疊合曲線狀與四角形拼接的區塊，以珠針固定接縫處與兩者間，進行縫合。接縫處進行一針回針縫。

●材料

各式拼接用布片 F用布 50×35cm 荷葉邊用布 110×35cm 後片用布 50×55cm 鋪棉、胚布各 50×50cm 長40cm 隱形拉錬1條 並太毛線適量
※F布片外側邊端預留縫份1.5cm。
※B至D布片原寸紙型B面③。

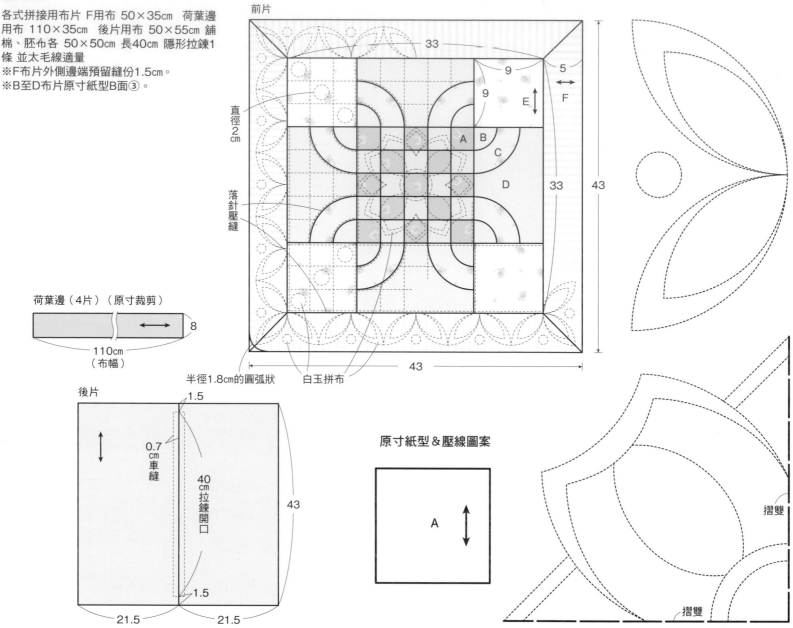

荷葉邊（4片）（原寸裁剪）

110cm
（布幅）

8

後片

半徑1.8cm的圓弧狀

1.5
0.7cm車縫
40cm拉錬開口
1.5

21.5   21.5

43

原寸紙型＆壓線圖案

A

---

1 | 製作前片表布。

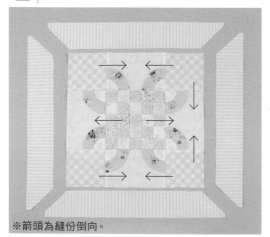

※箭頭為縫份倒向。

拼接A至E布片，周圍接縫4片F布片。先接縫相對邊的2片布片，再以鑲嵌拼縫接縫另外2片。

2 | 縫合F布片。

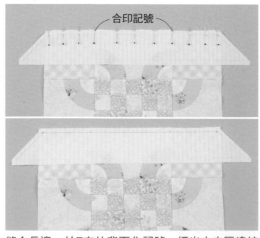

合印記號

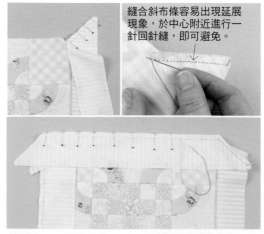

縫合斜布條容易出現延展現象，於中心附近進行一針回針縫，即可避免。

縫合長邊，於F布片背面作記號，標出中央區塊接縫部位。正面相對疊合區塊與F布片，以珠針固定兩端、合印記號、兩者間，由記號縫至記號。

接縫上、下側F布片之後，以鑲嵌拼縫縫合左、右側F布片3邊。以珠針固定第1邊，由布端至角上部位，進行一針回針縫（上）。以珠針固定第2邊，縫至角上部位，第3邊也以相同作法完成接縫。

3 | 描畫壓縫線。

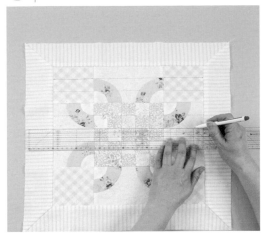
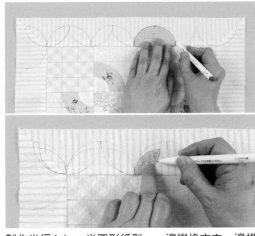

燙平表布，描畫壓縫線。沿著布片擺放定規尺，描畫D與E布片直線部分。建議使用手藝用水消筆。

製作半徑4.1cm半圓形紙型，一邊變換方向一邊描畫，即可將F布片上的葉片模樣，描畫得既精確又漂亮。以葉形紙型描畫葉片內側的線條。

4 | 進行疏縫。

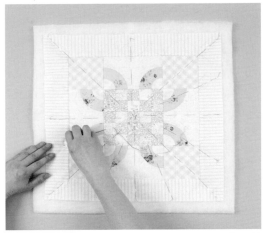

準備略大於表布的舖棉與胚布，依序疊合胚布、舖棉、表布，由中心開始，挑縫3層，進行疏縫。

5 | 進行壓線。

以壓線框繃緊布片，挑縫3層，進行壓線。以套在慣用手中指上的頂針器，一邊推壓針頭，一邊分別挑縫2、3針，縫上整齊漂亮針目。

6 | 進行白玉拼布。

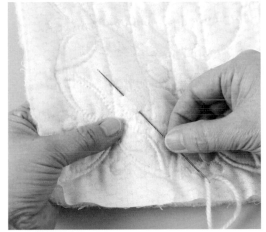

完成壓線之後，由胚布側，將毛線穿入壓線圖案，完成白玉拼布。P.61詳細解說白玉拼布方法。

7 | 製作荷葉邊。

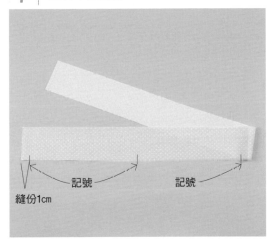

縫份1cm　記號　記號

準備4片荷葉邊用布。以布幅（110cm）×8cm（原寸裁剪）裁剪布片，兩端預留縫份1cm，正面作4等分記號。

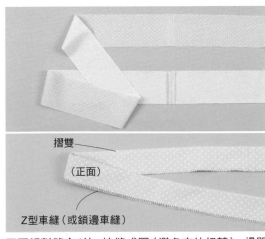

摺雙
（正面）
Z型車縫（或鎖邊車縫）

正面相對縫合4片，接縫成圈（避免布片扭轉），燙開縫份。背面相對對摺，進行壓燙，沿著布片邊端進行Z型車縫。

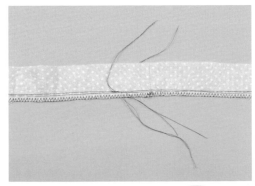
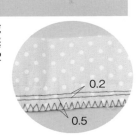

0.2
0.5

進行粗針車縫，以形成皺褶。調降車縫線鬆緊度，以最大針目車縫2道。預留較長線端。

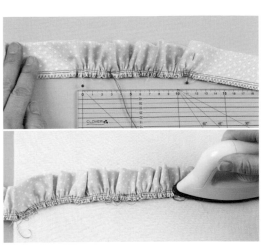

由4等分記號處穿入珠針，4等分分別拉緊縫線，形成皺褶。記號至記號之間長度大約調整為11cm，將縫線打結。形成皺褶之後，進行熨燙，荷葉邊更為服貼有型。

8 | 前片周圍作4等分記號。

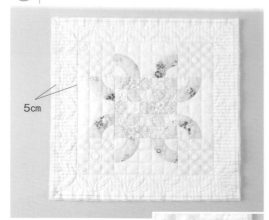

沿著周圍描畫完成線,作4等分記號。縫份整齊修剪成1cm,角上部位描畫記號,裁成圓弧狀。

9 | 沿著周圍固定荷葉邊。

沿著前片周圍疊合荷葉邊,一邊對齊前片與荷葉邊的布端,一邊對齊4等分記號,以珠針固定。荷葉邊多出時,如右圖示作法,拉緊縫線,進行調整。

沿著邊端內側0.7cm處進行車縫。固定荷葉邊需縫合形成皺褶部位,請使用可一邊送出上布、一邊車縫固定的均勻送布壓布腳。若使用一般壓布腳,則車縫靠近時以尖錐送布。

10 | 後片用布安裝拉鍊。

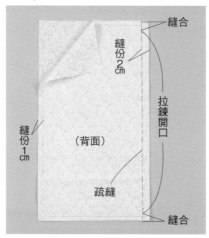

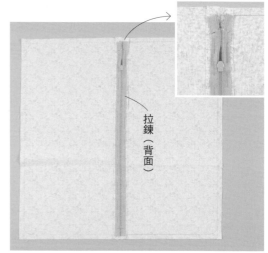

正面相對疊合2片後片用布,預留拉鍊開口,縫合上、下邊。拉鍊開口進行疏縫。

翻向正面,燙開縫份,背面側疊合拉鍊,以疏縫線暫時固定。拉鍊上止片確實對齊止縫點。

11 | 縫合前片與後片用布。

拆掉拉鍊開口的疏縫線。縫紉用壓腳換成拉鍊用壓腳,由正面側進行車縫。沿著拉鍊開口0.7cm位置,仔細地車縫。

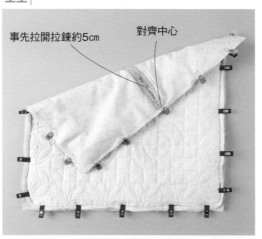

正面相對疊合前片與後片用布,對齊上、下、左、右的中心,以夾子固定周圍。固定曲線部位時,避免荷葉邊超出範圍。

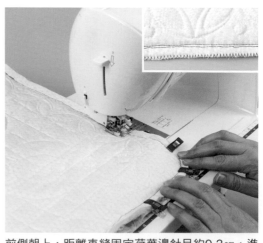

前側朝上,距離車縫固定荷葉邊針目約0.3cm,進行車縫。以Z型車縫(或鎖邊車縫)處理縫份。

Advice from teacher
拼布小建議

本期登場的老師們，
將為拼布愛好者介紹不可不知的實用製作訣竅，
可應用於各種作品，大大提昇完成度。

協力／中山しげ代（骨筆運用）　本島育子（白玉拼布方法）

依照紙型裁剪提籃的提把進行貼布縫。

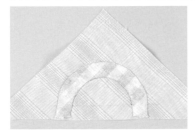  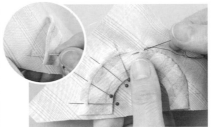 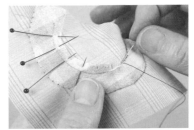

縫製寬版提把時使用斜布條，布片容易皺縮。依照形狀進行裁布，才能夠完成平整漂亮的提把。

1 布片正面疊合提把紙型，作上記號。布紋朝著紙型上箭頭方向進行裁布，斜裁部分較多，曲線會比較漂亮。預留縫份，進行裁布。

2 台布作記號標出貼布縫位置，疊合提把用布，對齊外側記號，以珠針固定。一邊以針尖摺入縫份，一邊以細密針目進行藏針縫。

3 內側縫份剪牙口（稍微靠近記號），避免布片皺縮。一邊以針尖摺入縫份，一邊進行藏針縫。

骨筆運用

CLOVER牌尖角用、曲線用骨筆，大小適中、順手好拿，是採用袋縫法時，處理角上部位與曲線形狀的好幫手。P.23活用於製作手機袋。

採用袋縫法時調整角上形狀

翻向正面，骨筆由背面側插入尖角部位，調整角上形狀。骨筆不會太尖銳，用力插入也不會戳破布片（左）。將骨筆平緩曲線部位插入表布縫份，調整直線部分的形狀（右）。

處理縫份形成褶痕

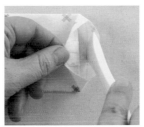

摺入口袋左、右側縫份，以骨筆曲線陡峭部位，抵住背面側的記號處，摺入縫份，即可形成清晰褶痕。請在燙台上作業。

描畫記號留下直線狀壓縫線痕跡

沿著定規尺移動骨筆描畫壓縫線，沿著描畫痕跡進行壓線。避免一次描畫多條，一次描畫1、2條痕跡，立即進行壓線。

白玉拼布方法

圓形圖案

 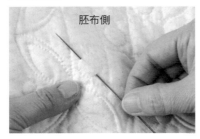  

以P.55抱枕為例，將毛線穿入壓線圖案，完成蓬起而十分立體的白玉拼布圖案。

1 取2股並太毛線，穿上白玉拼布用針（或毛線針），由壓線圖案端部入針。

2 拔出拼布用針，拉緊毛線，穿入與穿出部位預留少許毛線，剪線留下線頭。

3 由相鄰位置入針，以相同作法穿入毛線之後剪線。

線狀圖案

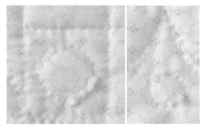   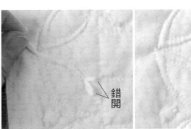

4 直徑2cm圓形圖案穿4回，直徑1.2cm圓形圖案穿2回。避免圖案穿太多回毛線而顯得硬梆梆。

5 剪線之後留下線頭，一邊以針尖塞入針孔，一邊依照圖案形狀，調整穿入的毛線。

1 由線狀圖案一端入針，穿入毛線至另一端。

2 拉毛線進入圖案。此壓線圖案寬度不同，較窄部分穿入2條不同長度的毛線，調節毛線分量。如同圓形圖案作法，出針口預留些許毛線，剪線留下線頭。

貼布縫創作精靈—Su廚娃
以小動物主題發想
自製手作包的第一本設計book

內附紙型

以童趣風打造貼布縫創作，受到大眾喜愛的Su廚娃老師，以招牌人物---廚娃與各式各樣的可愛小動物，創作的貼布縫手作包設計書，是將既有拼布技法簡化，並改良成全新風格日常手作包的一大突破。

本書作品大多使用老師平時收集的小布片、好友贈送的皮革、原本想要淘汰的舊皮帶、衣物上的蕾絲等生活素材，搭配棉麻布、先染布、帆布等各式多元布材，製成每一個與眾不同的獨特包款，完全落實手作人追求的個人魅力，將可愛的小動物貼布縫圖案運用在日常實用的手作包，「因為買不到，所以最珍貴！」

書中收錄的每一款小動物及對應的廚娃，都是Su廚娃老師親自設計的配色及造型：可愛的羊駝與頭上頂著花椰菜的廚娃；勤勞的小蜜蜂與花朵造型廚娃是好朋友；平常較少出現在手作書裡的動物；浣熊、獅子、犀牛、恐龍等，在Su廚娃老師的創作筆下，也變得生動又可愛！

每一款小動物的擬人化過程裡，同時記錄著老師身邊的家人、朋友們的個性與特色，這樣的發想讓老師的貼布縫圖案更加鮮明有趣，亦令人在作品裡，感受到許多暖暖的人情味，就像是每個包，都寫著一個名字。

在製作新書的過程時，Su廚娃老師恰好開啟了她的獨自旅行挑戰，並帶著這些手作包一起走遍各地，在每一個包包的身上，刻劃著創作與旅行的回憶，老師以插畫、貼布縫、攝影留下這些關於創作的養分點滴，豐富收錄於書內圖文，喜歡廚娃的粉絲，絕對要收藏！

書內收錄基礎貼布縫教學及各式包包作法、基礎縫法，內附紙型及圖案。想與廚娃老師一樣將可愛的貼布縫圖案，運用在日常成為實用的手作包，在這本書裡，你一定可以找到很多共鳴！

> 轉變之後的自己，開始明白：
> 作不來困難的事，就放過自己。
> 手作之路，只走直線，不轉彎，也可以。
> 車縫的時候，一條、兩條、三條，
> 管它有幾條，
> 我們，開心最重要。
> —— Su 廚娃

隨書
附錄紙型

好可愛手作包
廚娃の小動物貼布縫設計 book
Su 廚娃◎著
平裝 132 頁／20cm×21cm
全彩／定價 520 元

一定要學會の 拼布基本功

基本工具

針

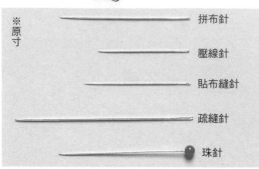

※原寸

拼布針
壓線針
貼布縫針
疏縫針
珠針

配合用途有各式各樣的針。拼布針為8至9號洋針，壓線針細且短，貼布縫針像絹針一樣細又長，疏縫針則比較粗且長。

線

壓縫用線
疏縫線
拼布線

拼布適用60號的縫線，壓線建議使用上過蠟、有彈性的線。但若想保有柔軟度，也可使用與拼布一樣的線。疏縫線如圖示，分成整捲或整綑兩種包裝。

記號筆

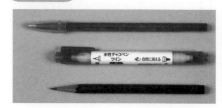

一般是使用2B鉛筆。深色布以亮色系的工藝用鉛筆或色鉛筆作記號，會比較容易看見。氣消筆或水消筆在描畫壓線線條時很好用。

頂針器

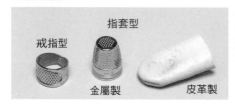

指套型
戒指型
金屬製
皮革製

平針縫與壓線時的必備工具。一旦熟練使用，縫出的針趾就會漂亮工整。戒指型主要用於平針縫，金屬或皮革製的指套則用於壓線。

壓線框

繡框的放大版。壓線時將布框入撐開。直徑30至40cm是好用的尺寸。

拼布用語

◆圖案（Pattern）◆
拼縫三角形或四角形的布片，展現幾何學圖形設計。依圖形而有不同名稱。

◆布片（Piece）◆
組合圖案用的三角形或四角形等的布片。以平針縫縫合布片稱為「拼縫」（Piecing）。

◆區塊（Block）◆
由數片布片縫合而成。有時也指完成的圖案。

◆表布（Top）◆
尚未壓線的表層布。

◆鋪棉◆
夾在表布與底布之間的平面棉襯。適用密度緊實的薄鋪棉。

◆底布◆
鋪棉的底布。夾在表布與底布之間。適用織目疏鬆、針容易穿過的材質。薄布會讓壓線的陰影無法漂亮呈現於表層，並不適合。

◆貼布縫◆
另外縫合上其他的布。主要是使用立針縫（參照P.83）。

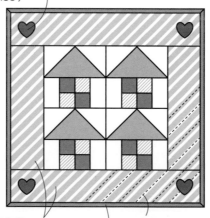

◆大邊條◆
接縫在由數個圖案縫合的表布邊緣的布。

◆包邊◆
以斜紋布條包覆完成壓線的拼布周圍或包包的袋口縫份。

◆壓線線條◆
在壓線位置所作的記號。

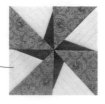

◆壓線◆
重疊表布、鋪棉與底布，壓縫3層。

主要步驟

製作布片的紙型。

↓

使用紙型在布上作記號後裁布，準備布片。

↓

拼縫布片，製作表布。

↓

在表布描畫壓線線條。

↓

重疊表布、鋪棉、底布進行疏縫。

↓

進行壓線。

↓

包覆四周縫份，進行包邊。

拼縫前準備工作

下水

新買的布在縫製前要水洗。即使是統一使用相同材質的布拼縫，由於縮水狀況不一，有時作品完成下水仍舊出現皺縮問題。此外，以水洗掉新布的漿，會更好穿縫，且能預防褪色。大片布就由洗衣機代勞，洗後在未完全乾燥時，一邊整理布紋，一邊以熨斗整燙。

關於布紋

原寸紙型上的箭頭所指方向代表布紋。布紋是指直橫交織而成的紋路。直橫正確交織，布就不會歪斜。而拼布不同於一般裁縫，布要對齊直布紋或橫布紋任一方都OK。斜紋是指斜向的布紋。與直布紋或橫布紋呈45度的稱為正斜向。

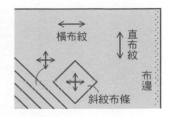

製作紙型

將製好圖的紙，或是自書本複印下來的圖案，以膠水黏貼在厚紙板上。膠水最好挑選不會讓紙起皺的紙用膠水。接著以剪刀沿著線條剪開，註明所需數量、布紋，並視需要加上合印記號。

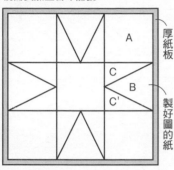

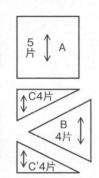

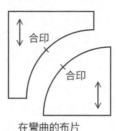

在彎曲的布片加上合印記號。

作上記號後裁剪布片

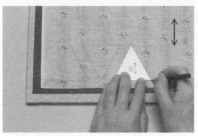

紙型置於布的背面，以鉛筆作上記號。在貼上砂紙的裁布墊上作記號，布比較不會滑動。縫份約為0.7cm，不必作記號，目測即可。

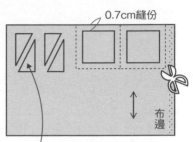

形狀不對稱的布片，在紙型背後作上記號。

拼縫布片

◆始縫結◆

縫前打的結。手握針，縫線繞針2、3圈，拇指按住線，將針向上拉出。

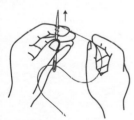

1 2片布正面相對，以珠針固定，自珠針前0.5cm處起針。

2 進行回針縫，手指確實壓好布片避免歪斜。

3 以手指稍微整理縫線，避免布片縮得太緊。

4 在止縫處回針，並打結。留下約0.6cm縫份後，裁剪多餘布片。

◆止縫結◆

縫畢，將針放在線最後穿出的位置，繞針2、3圈，拇指按住線，將針向上拉出。

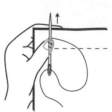

◆分割縫法◆

直線方向由布端到布端時，分割成帶狀拼縫。

◆鑲嵌縫法◆

①縫至記號。

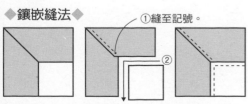

②

無法使用直線的分割縫法時，在記號處止縫，再嵌入布片縫合。

各式平針縫

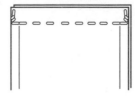

由布端到布端兩端都是分割縫法時。

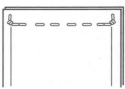

由記號縫至記號兩端都是鑲嵌縫法時。

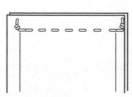

由布端縫至記號縫至記號側變成鑲嵌縫法時。

縫份倒向

縫份不熨開而倒向單側。朝著要倒下的那一側，在針趾向內1針的位置摺疊縫份，以指尖往下按壓。

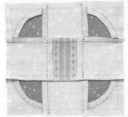 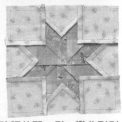

基本上，縫份是倒向想要強調的那一側，彎曲形則順其自然的倒下。其他還有全部朝同一方向倒下，或是倒向外側等，各式各樣的倒向方法。碰到像檸檬星（右）這種布片聚集在中心的狀況，就將菱形布片兩兩縫合成縫份倒向同一個方向的區塊，整合成上下的帶狀布後，再彼此縫合。

描畫壓線線條，進行疏縫

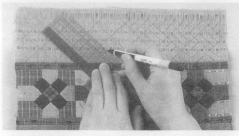

以熨斗整燙表布，使縫份固定。接著在表面描畫壓線記號。若是以鉛筆作記號，記得不要畫太黑。在畫格子或條紋線時，使用上面有平行線及方眼格線的尺會很方便。

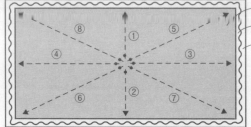

表布（正面）
鋪棉
底布（背面）

準備稍大於表布的底布與鋪棉，依底布、鋪棉、表布的順序重疊，以手撫平，再以珠針重點固定。由中心向外側進行疏縫。上圖是放射狀疏縫的例子。

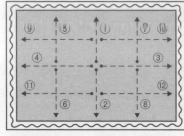

格狀疏縫的例子。適用拼布小物等。

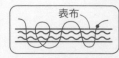

表布

止縫作一針回針縫，不打止縫結，直接剪掉線。

壓線

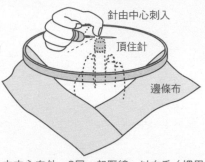

針由中心刺入
頂住針
邊條布

由中心向外，3層一起壓線。以右手（慣用手）的頂針指套壓住針頭，一邊推針一邊穿縫。左手（承接手）的頂針指套由下方頂住針。使用拼布框作業時，當周圍接縫邊條布，就要刺到布端。

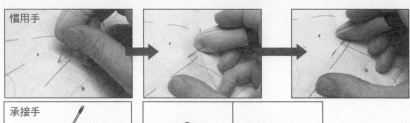

慣用手

承接手

針由上刺入，以指套頂住。→以指套將布往往上提，在指套邊作出一個山形，再以慣用手的指套推針，貫穿山腰。→以指套往左錯開，製造下個一山形，再依同樣方式穿縫。

每穿縫2、3針，就以指套壓住針後穿出。

止縫結　鋪棉　表布

底布　止縫結

從稍偏離起針的位置入針，將始縫結拉至鋪棉內，縫一針回針縫，止縫也要縫一針回針縫，將止縫結拉至鋪棉內藏起來。

包邊

畫框式滾邊

所謂畫框式滾邊，就是以斜紋布條包覆拼布四周時，將邊角處理成及畫框邊角一樣的形狀。

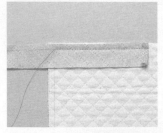

1 在正面描畫四周的完成線。斜紋布條正面相對疊放在拼布上，對齊斜紋布條的縫線記號與完成線，以珠針固定，縫到邊角的記號，在記號縫一針回針縫。

2 針線暫放一旁，斜紋布條摺成45度（當拼布的角是直角時）。重要的是，確實沿記號邊摺疊成與下一邊平行。

3 斜紋布條沿著下一邊摺疊，以珠針固定記號。邊角如圖示形成一個褶子。在記號上出針，再次從邊角的記號開始縫。

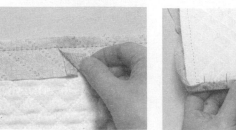

4 布條在始縫時先摺1cm。縫完一圈後，布條與摺疊的部分重疊約1cm後剪斷。

5 縫份修剪成與包邊的寬度，布條反摺，以立針縫縫合於底布。以布條的針趾為準，抓齊滾邊的寬度。

6 邊角整理成布條捲入重疊45度。重疊處縫一針回針縫變得更牢固。漂亮的邊角就完成了！

斜紋布條作法

◆量少時◆

必須是包邊寬度的4倍
45度

布摺疊成45度，畫出所需寬度。1cm寬的包邊需要4cm、0.8cm寬要3.5cm、0.7cm寬要3cm。包邊寬度愈細，加上布的厚度要預留寬一點。

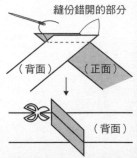

縫份錯開的部分

（背面）　（正面）

（背面）

接縫布條時，兩片正面相對，以細針目的平針縫縫合。熨開縫份，剪掉露出外側的部分。

◆量多時◆

縫份錯開的部分

（背面）

（正面）

布裁成正方形，沿對角線剪開。

裁開的布正面相對重疊並以車縫縫合。

熨開縫份，沿布端畫上需要的寬度。另一邊的布線與縫線記號錯開一層，正面相對縫合。以剪刀沿著記號剪開，就變成一長條的斜紋布。

拼布包縫份處理

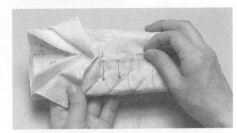

A 以底布包覆

側面正面相對縫合，僅一邊的底布留長一點，修齊縫份。接著以預留的底布包覆縫份，以立針縫縫合。

B 進行包邊（外包邊的作法相同）

適合彎弧部分的處理方式。兩片正面相對疊合（外包邊是背面相對），疏縫固定，斜紋布條正面相對，進行平針縫。

修齊縫份，以斜紋布條包覆進行立針縫，即使是較厚的縫份也能整齊收邊。斜紋布條若是與底布同一塊布，就不會太醒目。

C 接合整理

處理後縫份不會出現厚度，可使作品平坦而不會有突起的情形。以脇邊接縫側面時，自脇邊留下2、3cm的壓線，僅表布正面相對縫合，縫份倒向單側。鋪棉接合以粗針目的捲針縫縫合，底布以藏針縫縫合。最後完成壓線。

貼布縫作法

方法A（摺疊縫份以藏針縫縫合）

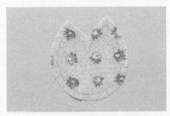 

在布的正面作記號，加上0.3至0.5cm的縫份後裁布。在凹處或彎弧處剪牙口，但不要剪太深以免綻線，大約剪到距記號0.1cm的位置。接著疊放在土台布上，沿著記號以針尖摺疊縫份，以立針縫縫合。

方法B（作好形狀再與土台布縫合）

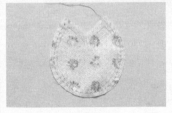 

在布的背面作記號，與A一樣裁布。平針縫彎弧處的縫份。始縫結打大一點以免鬆脫。接著將紙型放在背面，拉緊縫線，以熨斗整燙，也摺好直線部分的縫份。線不動，抽掉紙型，以藏針縫縫合於土台布上。

基本縫法

◆平針縫◆

◆回針縫◆

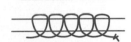

◆立針縫◆

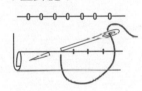

◆星止縫◆

◆捲針縫◆

◆梯形縫◆

兩端的布交替，針趾與布端呈平行的挑縫

安裝拉鍊

從背面安裝

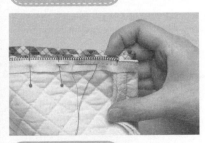

對齊包邊端與拉鍊的鍊齒，以星止縫縫合，以免針趾露出正面。以拉鍊的布帶為基準就能筆直縫合。

※縫合脇邊再裝拉鍊時，將拉鍊下止部分置於脇邊向內1cm，就能順利安裝。

從正面安裝

同上，放上拉鍊，從表側在包邊的邊緣以星止縫縫合。縫線與表布同顏色就不會太醒目。因為穿縫到背面，會更牢固。背面的針趾還可以裡袋遮住。

拉鍊布端可以千鳥縫或立針縫縫合。

包邊繩作法

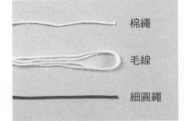

棉繩
毛線
細圓繩

以斜紋布條將芯包住。若想要鼓鼓的效果就以毛線當芯，或希望結實一點就以棉繩或細圓繩製作。棉繩與細圓繩是以用斜紋布條邊夾邊縫合，毛線則是斜紋布條縫合成所需寬度後再穿。

◆棉繩或細圓繩◆

◆毛線◆

縫合側面或底部時，先暫時固定於單側，再壓緊一邊將另一邊包邊繩縫合固定。始縫與止縫平緩向下重疊。

作品紙型＆作法

* 圖中的單位為cm。
* 圖中的 ❶❷ 為紙型號碼。
* 完成作品的尺寸多少會與圖稿的尺寸有所差距。
* 關於縫份，原則上布片為0.7cm、貼布縫為0.3至0.5cm，其餘則預留1cm後進行裁剪。
* 附註為原寸裁剪標示時，亦需縫份　直接裁剪
* P.64至P.67拼布基本功請一併參考。
* 刺繡方法請參照P.101。
* 提籃圖案縫法請參照P.14至P.17。

P4　No.4 壁飾　●紙型A面❶（圖案原寸紙型＆貼布縫、壓線圖案）

◆材料
各式拼接用布片　貼布縫台布用白布110×200cm　邊飾用布（飾邊印花布）65×170cm
滾邊用寬5cm　斜布條720cm　舖棉、胚布各90×390cm　25號繡線適量

◆作法順序
拼接布片，完成22片圖案，進行貼布縫與刺繡，完成ⓧ至ⓒ→接縫圖案與ⓖ至ⓒ，周圍
接縫邊飾，完成表布→疊合舖棉、胚布，進行壓線→進行周圍滾邊（參照P.66）。

完成尺寸　188×168cm

圖案配置圖

圖案接縫順序

縫至記號，
NN'進行鑲嵌拼縫。
※箭頭為
縫份倒向。

輪廓繡
（取2股繡線）

貼布縫

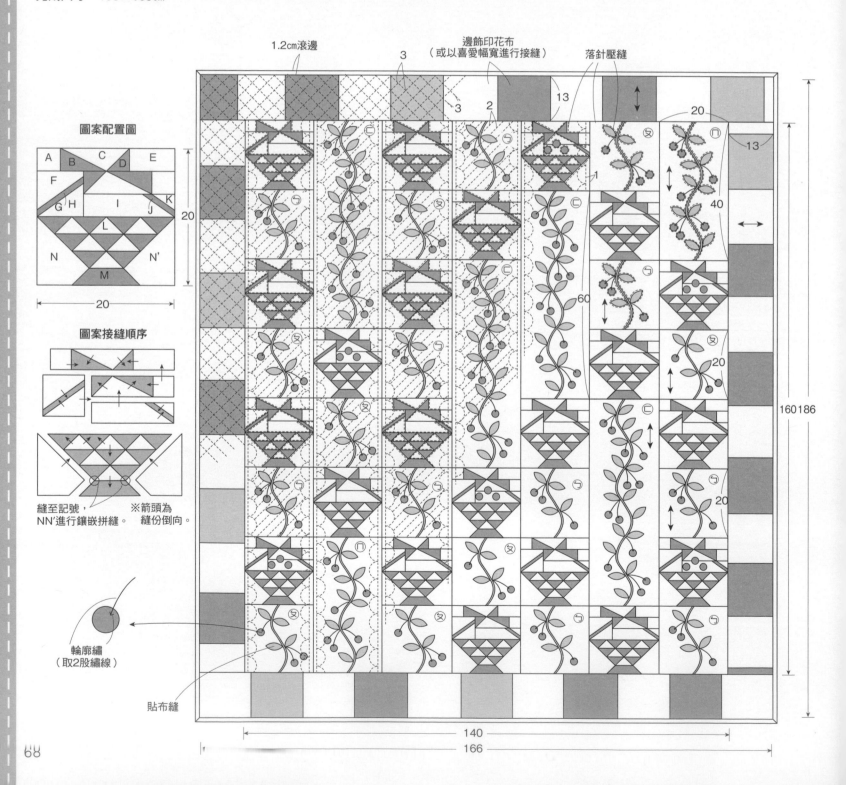

◆材料
各式拼接、貼布縫用布片　F用斑染布55×45cm　鋪棉、胚布各60×60cm
滾邊用寬4cm　斜布條 230cm
◆作法順序
拼接9片四照花圖案，接縫成3×3列→周圍接縫F布片，完成表布→
疊合鋪棉、胚布，進行壓線→進行周圍滾邊（請參照P.66）。

完成尺寸　54×54cm

圖案接縫方法

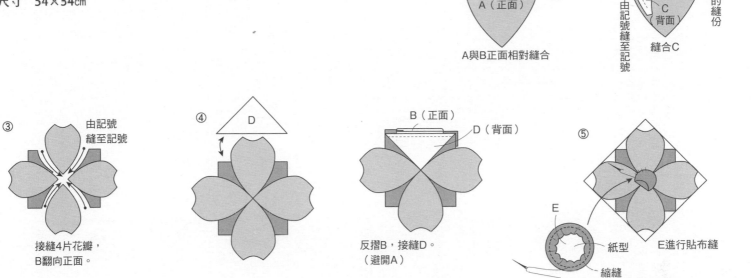

① 剪牙口　縫至記號　B（背面）　A（正面）　A與B正面相對縫合

② B（背面）　A（正面）　C背面　由記號縫至記號　事先摺疊B的縫份　縫合C

③ 由記號縫至記號　接縫4片花瓣，B翻向正面。

④ D　反摺B，接縫D。（避開A）　B（正面）　D（背面）

⑤ E　E進行貼布縫　紙型　縮縫

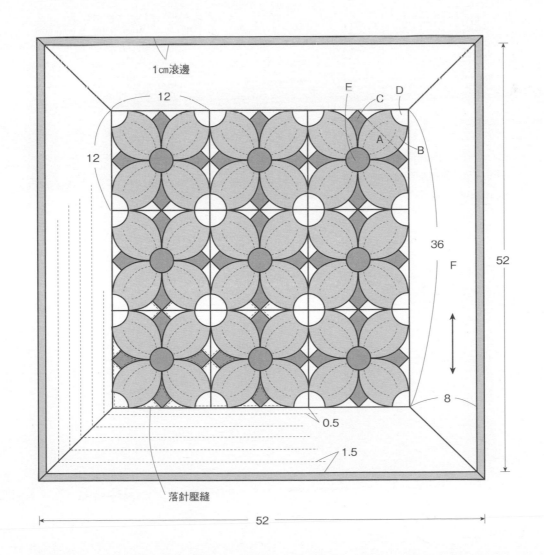

1cm滾邊
12
12
E　C　D
A　B
36
F
52
8
0.5
1.5
落針壓縫
52

◆材料

No.5　各式拼接、貼布縫用布片　F至H用布50×40cm（包含K、L布片部分）I、J用布35×10cm　滾邊用寬3cm　斜布條150cm　舖棉、胚布各45×40cm

No.15　各式拼接、貼布縫用布片　C至E用白色印花布40×25cm　H用布40×30cm（包含滾邊部分）舖棉、胚布各40×40cm　寬0.6cm　波形織帶60cm　直徑0.4cm　串珠12顆　25號黃綠色繡線適量

No.16　各式YOYO球用布片　A、B用藍色印花布25×15cm　A至E用白色印花布50×30cm　滾邊用寬3.5cm　斜布條110cm　舖棉、胚布各30×30cm　25號白色繡線適量

◆作法順序

No.5　拼接布片，完成12片圖案→接縫F至L布片，完成表布→疊合舖棉與胚布，進行壓線→進行周圍滾邊（請參照P.66）。

No.15　拼接A至E布片，完成圖案（請參照P.17），進行貼布縫，縫合固定織帶→拼接F、G布片，完成4個三角形區塊→圖案接縫H布片，接縫三角形區塊，完成表布→疊合舖棉與胚布，進行壓線→左右上下依序進行滾邊→固定蝴蝶結裝飾與串珠。

No.16　拼接A至D布片，完成圖案（請參照P.16），接縫E布片，完成表布→製作YOYO球，進行貼布縫、刺繡→疊合舖棉與胚布，進行壓線→進行周圍滾邊（請參照P.66）。

◆作法重點

○以長35cm織帶打結之後縫合固定，完成No.15蝴蝶結裝飾。

完成尺寸　No.5 40.5×32.5cm　No.15 36×36cm　No.16 25.5×25.5cm

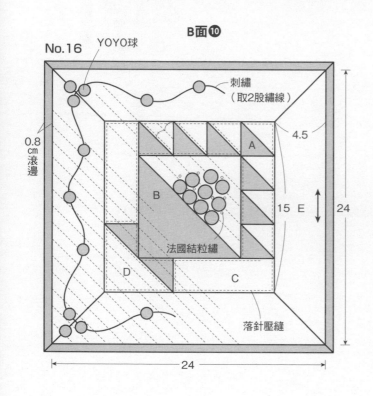

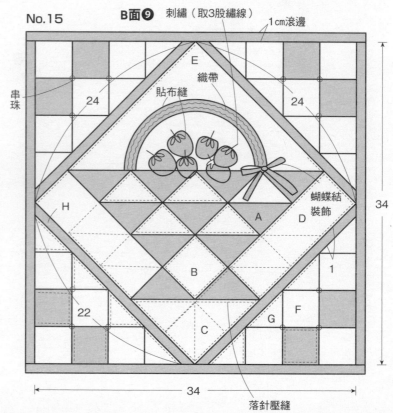

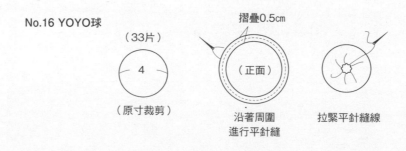

No.5

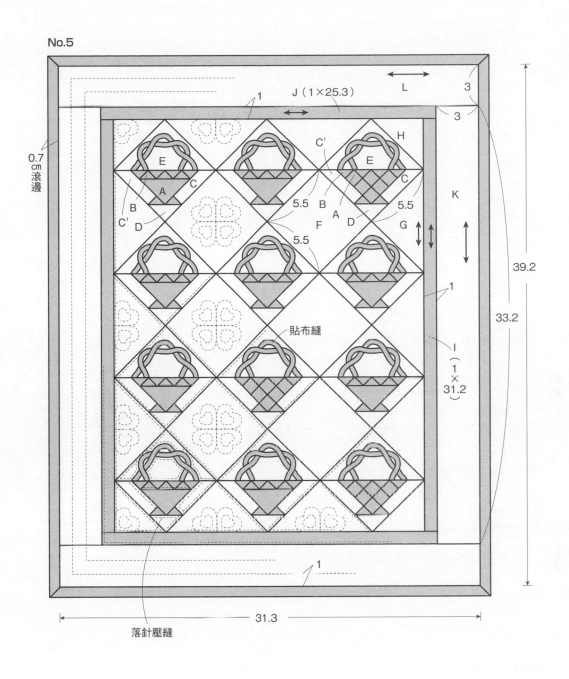

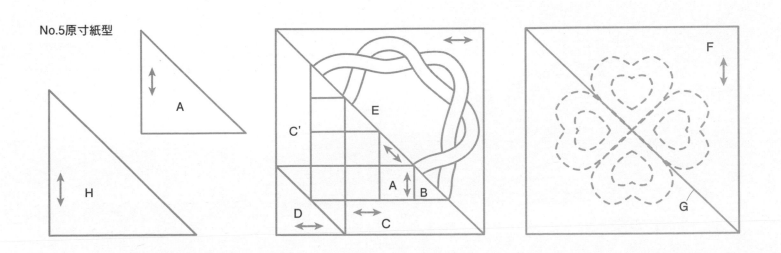

No.5原寸紙型

◆材料

迷你手提袋　各式拼接用布片　G、H、側身用布50×50cm（包含滾邊部分）　I、L用布各10×20cm　內口袋用布45×45cm（包含內口袋用滾邊部分）　接著襯40×25cm　單膠舖棉、胚布各70×30cm　長30cm提把1組　9×2.4cm釦件1組　直徑1.3cm按釦1組

波奇包　各式拼接、裝飾用布片　G至I'、側身用布40×40cm（包含滾邊部分）　J至K'用布30×30cm（包含後片部分）　單膠舖棉、胚布各50×30cm　長18cm拉鍊1條　喜愛的串珠適量

◆作法順序

迷你手提袋　拼接A至F布片，完成2片圖案→接縫G至I布片，完成前片表布→接縫J至L布片，完成後片表布→黏貼接著舖棉，正面相對疊合胚布，進行縫合，翻向正面，進行壓線→側身預留返口，縫合周圍，翻向正面，縫合返口，進行壓線→製作內口袋→依圖示完成縫製。

波奇包　拼接A至F布片，完成圖案，接縫G至J'布片，完成前片表布→正面相對疊合表布與胚布，疊合舖棉，進行縫合，翻向正面，進行壓線→後片、側身作法相同→依圖示完成縫製，安裝拉鍊→裝飾固定於拉片。

◆作法重點

○圖案縫法請參照P.15。
○沿著縫合針目邊緣修剪接著舖棉。拉鍊安裝方法請參照P.67。
○以寬3.5cm斜布條進行滾邊。
○迷你手提袋的內口袋接著襯為原寸裁剪。

完成尺寸　迷你手提袋18×28cm　波奇包13.5×20cm

波奇包原寸紙型

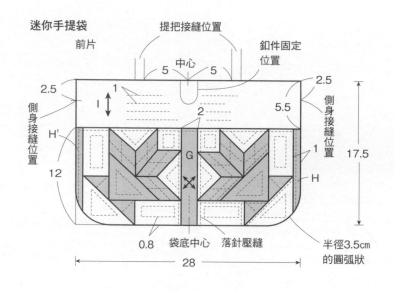

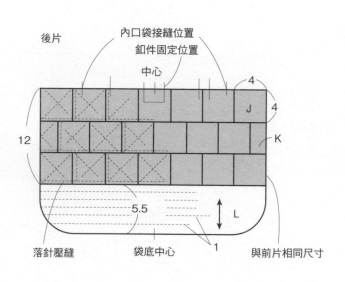

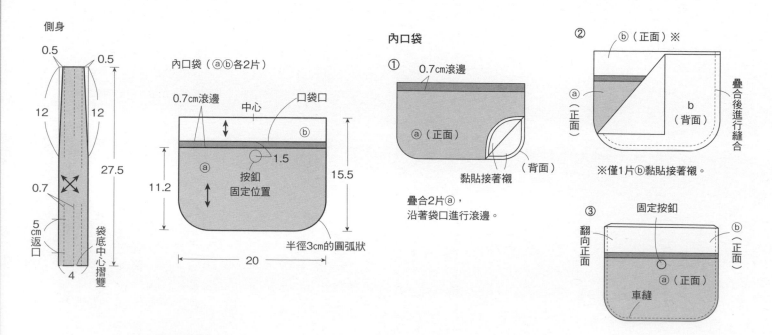

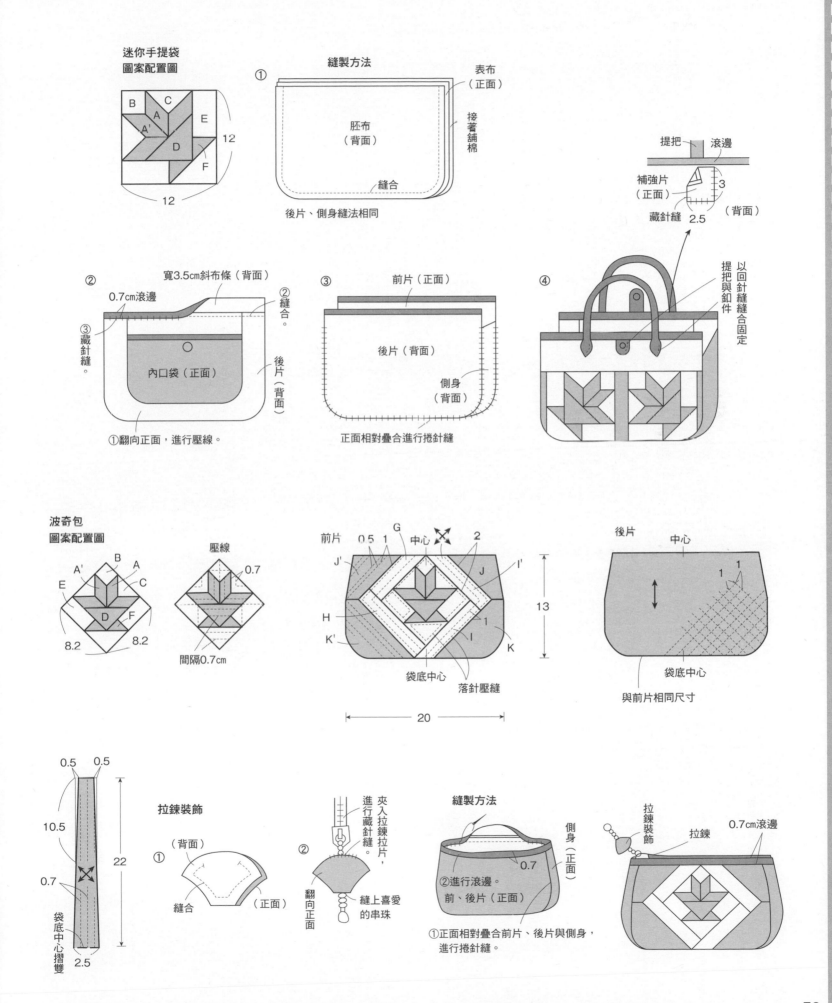

迷你手提袋
圖案配置圖

B C
A
B A'
A' E
D
F
12
12

① 縫製方法
表布（正面）
接著鋪棉
胚布（背面）
縫合
後片、側身縫法相同

提把　滾邊
補強片（正面）
藏針縫　2.5
3
（背面）

② 寬3.5cm斜布條（背面）
0.7cm滾邊
③藏針縫。
內口袋（正面）
②縫合。
後片（背面）
①翻向正面，進行壓線。

③ 前片（正面）
後片（背面）
側身（背面）
正面相對疊合進行捲針縫

④
以回針縫縫合固定
提把與釦件

波奇包
圖案配置圖

B A
A'
C
E
D F
8.2 8.2

壓線
0.7
間隔0.7cm

前片 0 5 1 G 中心 2
J'
H
K'
J
I'
J
I
K
13
袋底中心
落針壓縫
20

後片 中心
1 1
袋底中心
與前片相同尺寸

0.5 0.5
10.5
22
0.7
袋底中心摺雙
2.5

拉鍊裝飾
①（背面）
縫合（正面）

②翻向正面
夾入拉鍊拉片，進行藏針縫。
縫上喜愛的串珠

縫製方法
側身（正面）
0.7
②進行滾邊。
前、後片（正面）
①正面相對疊合前片、後片與側身，進行捲針縫。

拉鍊裝飾
拉鍊
0.7cm滾邊

♦材料

各式拼接用布片　前片上部用布50×50cm（包含B、D至F布片＆後片部分）　I用布
40×40cm（包含拉鍊尾片、滾邊用寬4cm斜布條部分）　裡袋用布90×40cm（包含口
袋裡布部分）　胚布、舖棉各90×30cm　長25cm、40cm拉鍊各1條　長38cm皮革提
把、21×5cm醫生口金各1組　寬1.5cm花片2片

◆作法順序

拼接布片，完成前片下部表布→前片上部、前片下部、後片表布，疊合舖棉與胚布，
進行壓線→以拉鍊尾片處理拉鍊端部→製作前片→製作裡袋→依圖示完成縫製。

完成尺寸　21.5×28cm

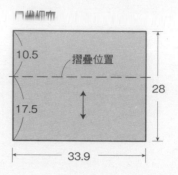

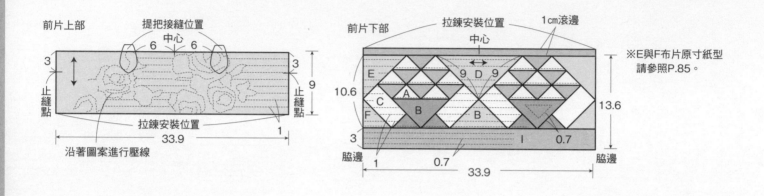

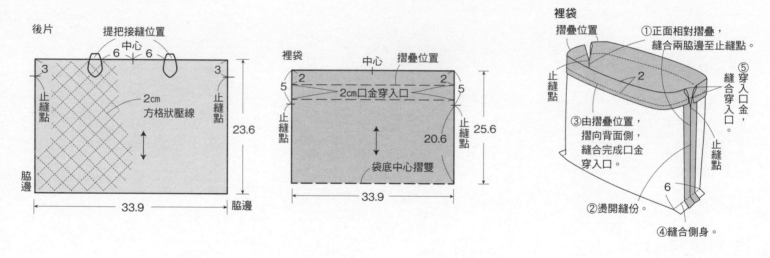

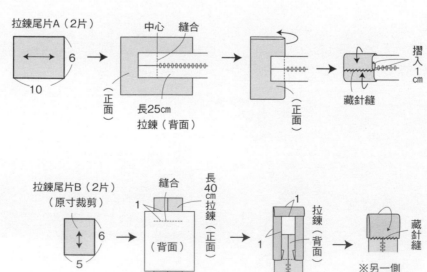

前片

①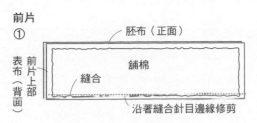

胚布（正面）
前片上部
表布（背面）
舖棉
縫合
沿著縫合針目邊緣修剪

疊合舖棉的前面上部表布與胚布，
正面相對疊合，縫合安裝拉鍊側。

②

前片上部表布（正面）

翻向正面，進行壓線。

③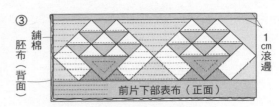

舖棉
胚布（背面）
前片下部表布（正面）
1cm滾邊

疊合前片下部表布、舖棉、胚布，
進行壓線，以寬4cm斜布條，
進行上部滾邊。

④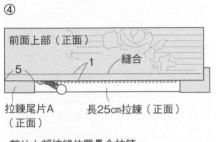

前面上部（正面）
1
縫合
5
拉鍊尾片A（正面）
長25cm拉鍊（正面）

前片上部接縫位置疊合拉鍊，
由正面側進行車縫。

⑤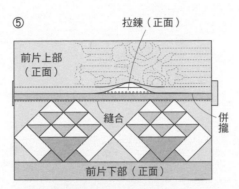

拉鍊（正面）
前片上部（正面）
縫合
併攏
前片下部（正面）

前片下部接縫位置疊合拉鍊，
沿著滾邊部位邊緣，由正面進行車縫。

⑥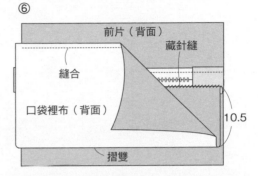

前片（背面）
藏針縫
縫合
口袋裡布（背面）
10.5
摺雙

前片背面側依圖示縫合固定口袋裡布

縫製方法

①

前片（正面）
止縫點
後片（背面）
縫合

前片與後片正面相對疊合，
由止縫點開始，縫合下部。

②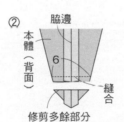

脇邊
本體（背面）
6
縫合
修剪多餘部分

燙開脇邊縫份，縫合側身，
修剪多餘縫份。

③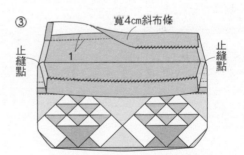

寬4cm斜布條
止縫點
1
止縫點

翻向正面，沿著袋口縫份進行滾邊。

④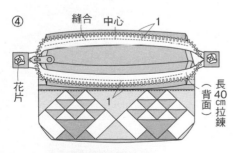

縫合 中心 1
花片
1
長40cm拉鍊（背面）

內側滾邊部位疊合拉鍊，
沿著滾邊部位邊緣縫合固定。
拉鍊尾片B縫上花片。

⑤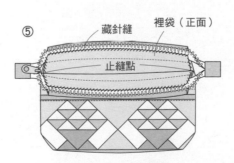

藏針縫
裡袋（正面）
止縫點

裡袋穿入口金，放入本體內，
由止縫點開始進行藏針縫，
將上部縫於本體。

⑥

提把
以回針縫縫合固定

75

◆材料

針線盒　各式拼接用布片　D用布55×25cm（包含底部部分）　A用布60×60cm（包含B、aa'、g布片　貼布縫、滾邊部分）　雙面接著舖棉、胚布各90×40cm　長40cm拉鍊2條　直徑0.3cm珍珠6顆　25號繡線適量

工具收納包　A用灰色花布20×10cm（包含a布片部分）　B用布50×30cm（包含A、B、a至c布片、貼布縫、滾邊部分）　雙面接著舖棉、胚布各30×40cm　長23cm拉鍊2條

◆作法順序

針線盒　拼接A至C布片，完成圖案，接縫D、D'布片，完成蓋子表布→拼接a至f布片，完成8片圖案，接縫g布片，完成側身表布→蓋子、側身、底部的表布，疊合舖棉、胚布，貼合之後進行壓線→依圖示完成縫製。

工具收納包　圖案提把進行貼布縫，拼接A至D布片，完成2片圖案→接縫2片，完成本體表布→疊合舖棉、胚布，貼合之後進行壓線→以相同作法完成口袋表布，依圖示完成縫製→疊合本體與口袋，依圖示完成縫製。

※針線盒圖案縫合順序請參照P.17。

完成尺寸　針線盒　18.5×25.5×10cm
　　　　　工具收納包　23.5×12.5cm

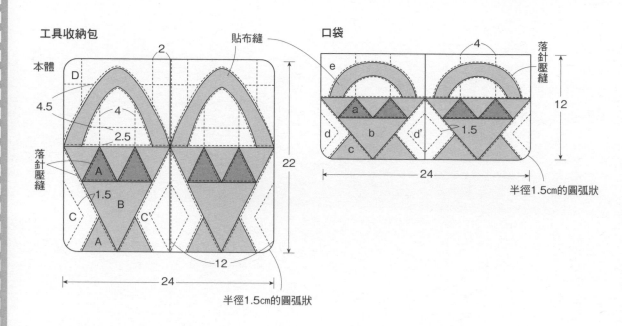

工具收納包

本體

半徑1.5cm的圓弧狀

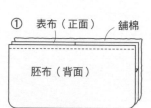

① 表布（正面）　舖棉

胚布（背面）

疊合表布與舖棉，
正面相對疊合胚布，
沿著袋口進行縫合。

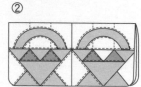

②

翻向正面，以熨斗壓燙，
進行壓線。

口袋

半徑1.5cm的圓弧狀

縫製方法

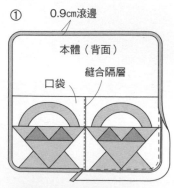

① 0.9cm滾邊

本體（背面）

口袋　縫合隔層

背面相對疊合本體與口袋，
縫合隔層，進行周圍滾邊。

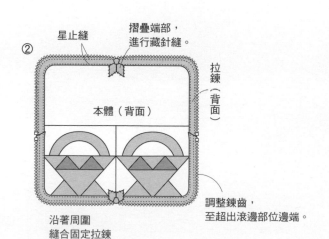

② 星止縫　摺疊端部，進行藏針縫。

本體（背面）

拉鍊（背面）

沿著周圍
縫合固定拉鍊

調整鍊齒，
至超出滾邊部位邊端。

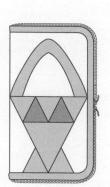

針線盒

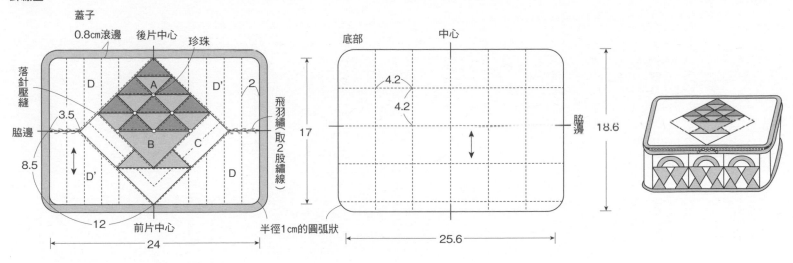

蓋子

0.8cm滾邊　後片中心　珍珠

落針壓縫　D　A　D'　2

脇邊　3.5　B　C　飛羽繡（取2股繡線）

8.5　D'　D

12　前片中心　17　半徑1cm的圓弧狀

24

底部　中心

4.2
4.2

脇邊　18.6

25.6

側身

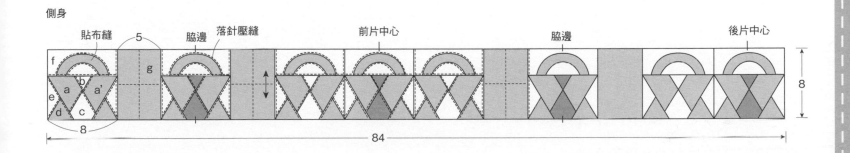

貼布縫　5　脇邊　落針壓縫　前片中心　脇邊　後片中心

f　g　8

b
e　a　a'
d　c

8

84

縫製方法

① 斜布條

（背面）

正面相對對摺側身，
接縫成圈，
縫份套上斜布條，
進行藏針縫。

② 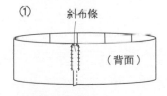1cm滾邊

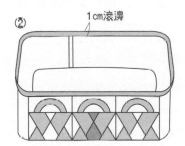底部（背面）

沿著側身開口側，進行滾邊，
背面相對疊合底部，進行縫合，
以斜布條包覆縫份。

③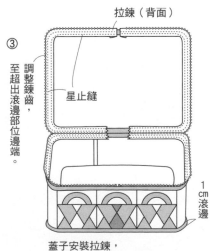

拉鍊（背面）

調整鍊齒，
至超出滾邊部位邊端。

星止縫

1cm滾邊

蓋子安裝拉鍊，
另一側縫合固定於側身。

④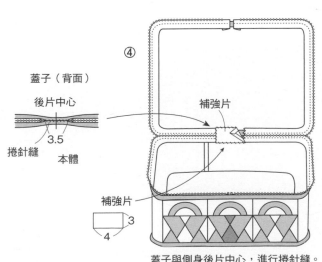

蓋子（背面）

後片中心　補強片

3.5
捲針縫　本體

補強片

3
4

蓋子與側身後片中心，進行捲針縫。
內側以藏針縫縫上補強片。

◆材料
各式MOLA貼布縫用布片　本體用布50×40cm
（包含袋蓋、外門袋胚布部分）　外口袋用布
25×20cm　舖棉45×35cm　胚布60×60cm
（包含內口袋、卡片夾層部分）　寬3.8cm斜布
條50cm　厚接著襯40×35cm　直徑1.5cm縫式
磁釦1組　內尺寸1cm　D型環2個　附活動鉤肩
背帶1條

◆作法順序
進行MOLA貼布縫，完成本體表布→表布疊合
舖棉，正面相對疊合胚布，沿著袋口進行縫合
→翻向正面，進行壓線→製作外口袋、內口
袋、袋蓋、吊耳→依圖示完成縫製。

◆作法重點
○MOLA貼布縫的形狀與大小，依喜好，配合
　貼布縫用布花樣。

完成尺寸　20.5×17cm

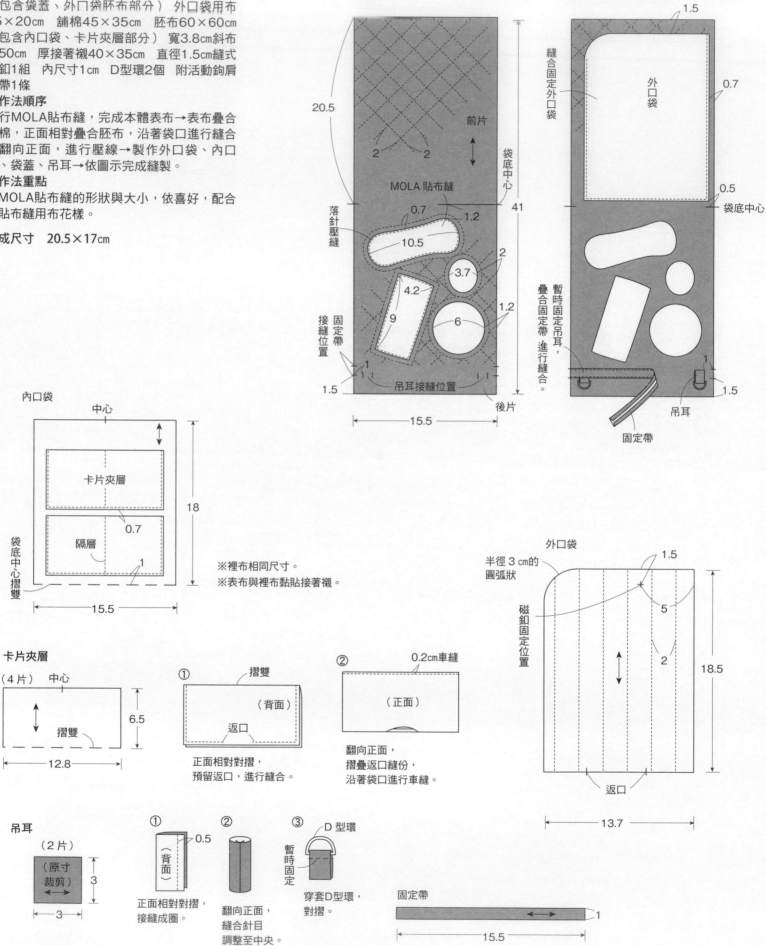

本體

外口袋＆吊耳接縫方法

內口袋

卡片夾層

吊耳

外口袋

固定帶

※裡布相同尺寸。
※表布與裡布黏貼接著襯。

本體（內口袋作法相同）

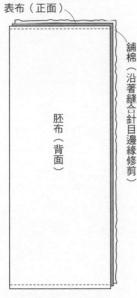

表布（正面）

舖棉（沿著縫合針目邊緣修剪）

胚布（背面）

正面相對疊合表布與胚布，
疊合舖棉，沿著袋口進行縫合，
翻向正面，進行壓線。
接縫外口袋與吊耳。

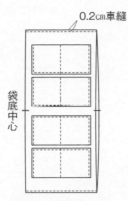

0.2cm車縫

袋底中心

製作內口袋，
表布與裡布縫合固定卡片夾層，
正面相對疊合，沿著袋口進行縫合，
翻向正面，沿著袋口進行壓縫，

袋蓋（外口袋作法相同）

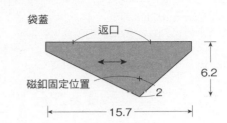

袋蓋

返口

磁釦固定位置

6.2

2

15.7

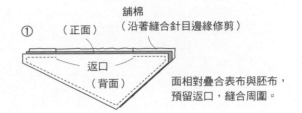

① （正面）

舖棉（沿著縫合針目邊緣修剪）

返口

（背面）

面相對疊合表布與胚布，
預留返口，縫合周圍。

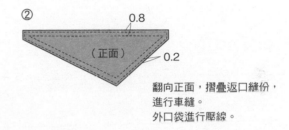

② 0.8

（正面）

0.2

翻向正面，摺疊返口縫份，
進行車縫。
外口袋進行壓線。

縫製方法

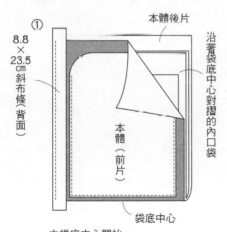

① 8.8×23.5cm斜布條（背面）

本體後片

沿著袋底中心對摺的內口袋

本體（前片）

袋底中心

由袋底中心開始，
背面相對對摺本體，
夾入內口袋，
兩脇邊正面相對疊合斜布條，
進行縫合。

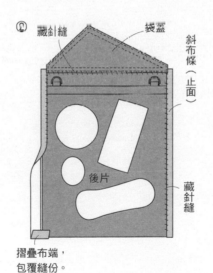

② 藏針縫　袋蓋

斜布條（正面）

後片

藏針縫

摺疊布端，
包覆縫份。

斜布條翻向本體後片側，進行藏針縫，
以藏針縫縫合固定袋蓋。

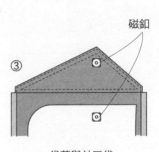

磁釦

③

袋蓋與外口袋
縫合固定磁釦

MOLA貼布縫

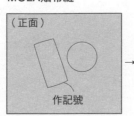

（正面）

作記號

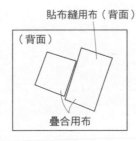

貼布縫用布（背面）

（背面）

疊合用布

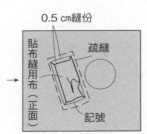

0.5cm縫份

貼布縫用布（正面）

疏縫

記號

挖空之後進行藏針縫

◆材料
各式貼布縫用布片 表布、胚布、舖棉各
40×40cm 圈狀邊飾用寬2.5cm 斜布條
130cm 處理周圍用寬2.5cm 斜布條100cm
25號繡線、domett舖棉各適量

◆作法順序
表布進行貼布縫、刺繡→疊合舖棉與胚
布，進行壓線→製作圈狀邊飾→依圖示完
成縫製。

完成尺寸　直徑30cm

本體　　　　　　　　　　　　　刺繡

❿

1.5cm 方格狀壓線

落針壓縫

貼布縫

圈狀邊飾接縫位置　　　　　沿著刺繡圖案進行壓線

30

圈狀邊飾（18片）

（原寸裁剪）⊠　2.5
7

圈狀邊飾

① （背面）　　　縫合
0.5
摺雙

正面相對摺疊，縫成筒狀。

② 寬1.5cm　（正面）
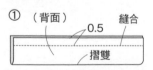
domett舖棉
↓
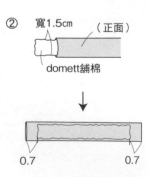
0.7　　　　0.7

翻向正面，穿入domett舖棉。

縫製方法

① 本體（正面）
圈狀邊飾
暫時固定
0.7

完成壓線的本體，暫時固定圈狀邊飾。

② 本體（正面）
斜布條（背面）
0.7
縫合

正面相對縫合斜布條，
沿著縫合針目邊緣修剪舖棉。

③ 圈狀邊飾
1
本體（背面）
藏針縫

沿著縫合針目反摺斜布條，進行藏針縫。

◆材料
No.17　各式拼接、貼布縫、口袋布用布片 E 至G用布25×40cm（包含B、D、I布片部分） H用布25×10cm　舖棉、胚布各25×50cm 附活動鉤肩背帶1條　長20cm拉鍊1條　內尺寸 1.1cm D型環2個
No.18　各式貼布縫用布 a用布30×15cm b、 c用布各30×5cm d用布30×10cm　舖棉 30×25cm　胚布30×30cm（包含筆插部分） 附活動鉤肩背帶1條　長16cm拉鍊1條　內尺寸 1.1cm D型環2個 25號繡線適量

◆作法順序
No.17　進行拼接、貼布縫，完成2片乁→接縫 E至I布片，完成表布→疊合胚布與舖棉，正面 相對疊合表布，預留返口，縫合周圍→翻向正 面，進行壓線→以相同作法完成口袋→依圖示 完成縫製。
No.18　拼接a至d布片，進行貼布縫，完成表 布→疊合胚布與舖棉，正面相對疊合表布，預 留返口，縫合周圍→翻向正面，縫合返口，進 行壓線，縫上串珠→製作筆插，接縫於本體→ 依圖示完成縫製。

完成尺寸　No.17 17×22cm
　　　　　No.18 19×13.5cm

No.17

吊耳（2件作法相同）（2片）
D 型環
穿套 D 型環，進行藏針縫。
梯形藏針縫
摺成四褶，進行藏針縫。
（原寸裁剪）

口袋
落針壓縫

本體（口袋作法相同）

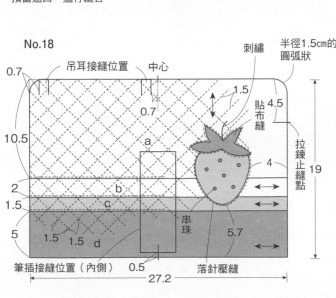

No.18

縫製方法

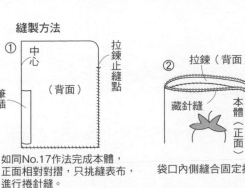

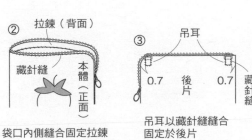

筆插

◆材料

各式貼布縫、葉片、花朵用布片 蓋子表布、胚布各
30×20cm 側身用布70×30cm（包含底部、提把部分）
蓋子裡布70×40cm（包括內蓋、側身裡布、內底、補強
片、隔層布部分） 舖棉30×40cm 單膠舖棉45×10cm
雙面接著舖棉70×10cm 厚接著襯70×35cm 壓克力板
50×30cm 寬2.5cm斜布條、寬0.7cm 波形織帶各80cm
直徑1cm 串珠2顆 直徑0.3cm 串珠6顆 直徑0.2cm 蠟繩
10cm 直徑2cm 包釦心2顆 直徑0.7cm 鈕釦8顆 25號繡
線適量

◆作法順序

蓋子表布進行貼布縫、刺繡→疊合舖棉與胚布，進行壓
線→製作串珠吊繩、補強片、蓋子、葉片、花朵、提把
→依圖示完成縫製。

蓋子

① 胚布（背面） 1 完成線
2.5
舖棉

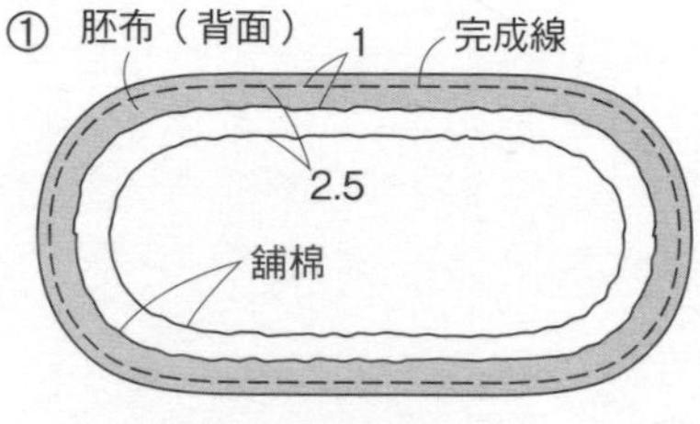

完成壓線的蓋子胚布側，
噴膠黏貼2片裁小一點的舖棉。

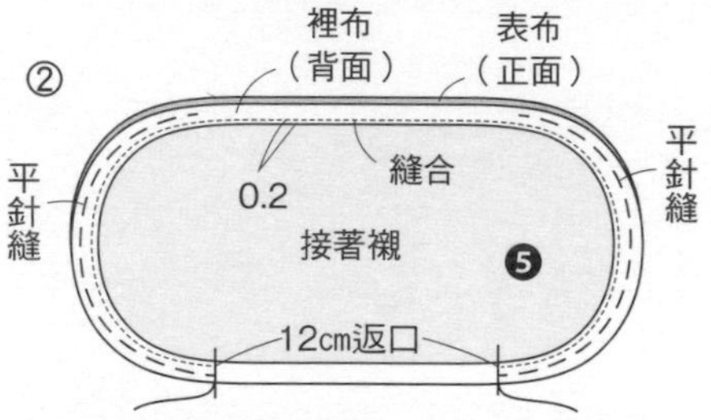

②
裡布（背面） 表布（正面）
平針縫
縫合 平針縫
0.2
接著襯 ❺
12cm返口

黏貼2片接著襯的裡布，正面相對疊合，
預留返口，進行縫合。
曲線部位縫份進行平針縫，縫份倒向內側。

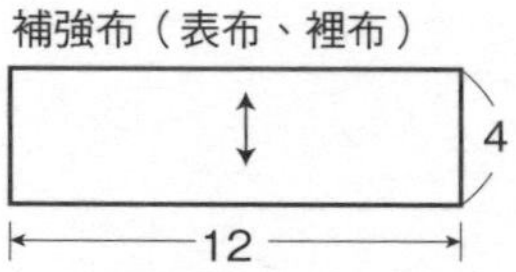

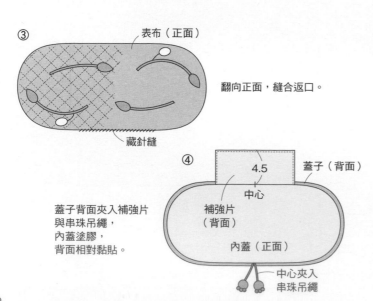

③ 表布（正面）

翻向正面，縫合返口。

藏針縫

④ 4.5
中心 蓋子（背面）
補強片（背面）
內蓋（正面）

蓋子背面夾入補強片
與串珠吊繩，
內蓋塗膠，
背面相對黏貼。

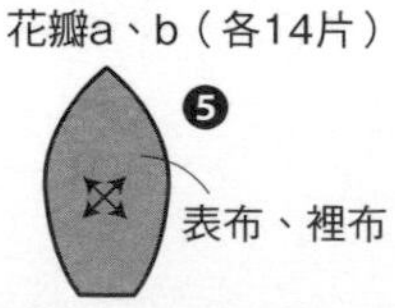

中心夾入
串珠吊繩

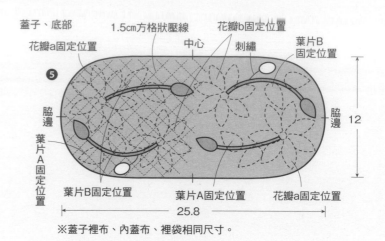

蓋子、底部
1.5cm方格狀壓線 花瓣b固定位置
花瓣a固定位置 中心 刺繡 葉片B固定位置
❺ 脇邊 脇邊
葉片A固定位置
葉片B固定位置 葉片A固定位置 花瓣a固定位置
12
25.8

※蓋子裡布、內蓋布、裡袋相同尺寸。

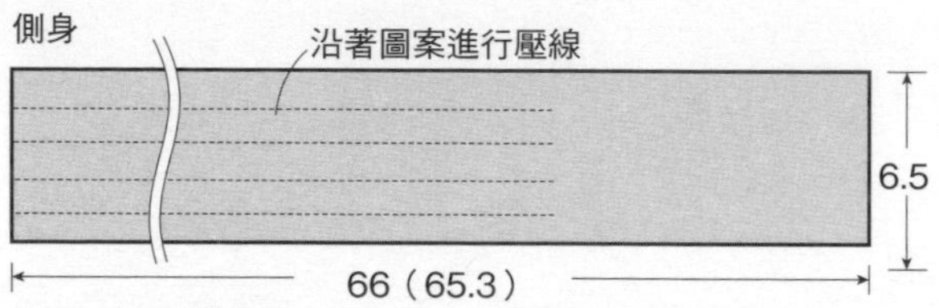

側身 沿著圖案進行壓線
6.5
66（65.3）
※※（ ）為裡布尺寸。

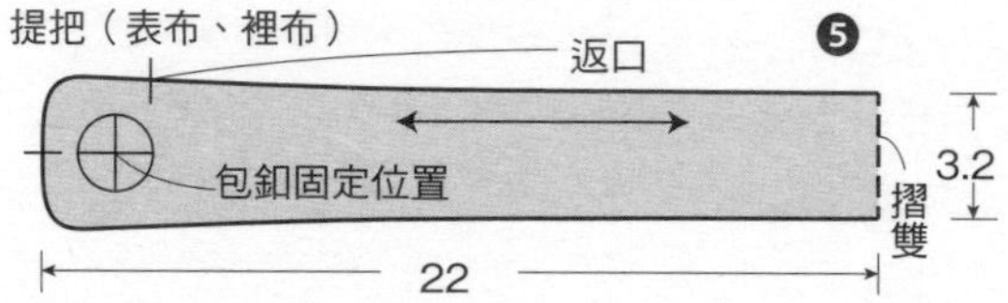

提把（表布、裡布） 返口 ❺
包釦固定位置 3.2
摺雙
22

補強布（表布、裡布）
4
12
※上部預留縫份1.5cm進行裁布。
※黏貼原寸裁剪的接著襯。

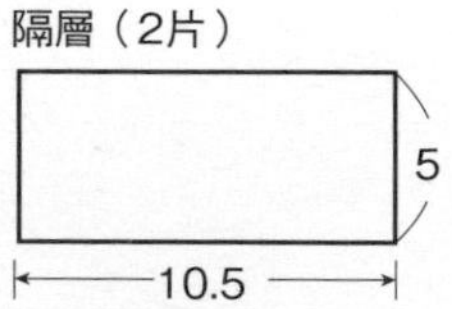

隔層（2片）
5
10.5
※包覆相同尺寸的
壓克力板。

花瓣 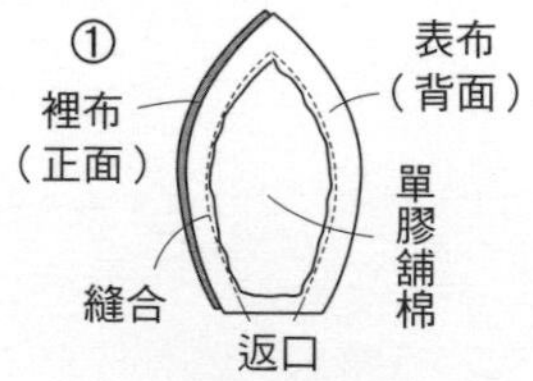
① 裡布（正面） 表布（背面）
單膠舖棉
縫合 返口
表布黏貼舖棉，
正面相對疊合裡布，
預留返口，進行縫合。

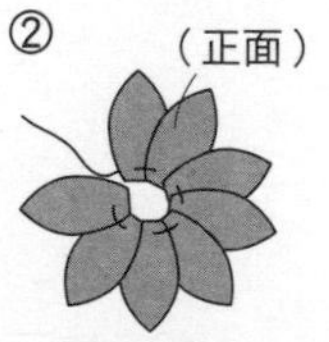

② （正面）
製作7片
接縫成圈

花瓣a、b（各14片）❺
表布、裡布

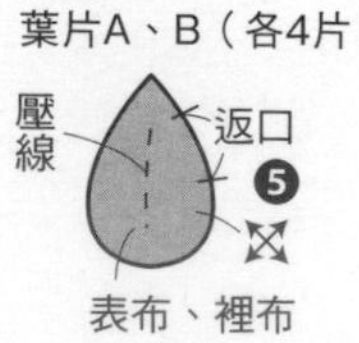

葉片A、B（各4片）
壓線 返口 ❺
表布、裡布

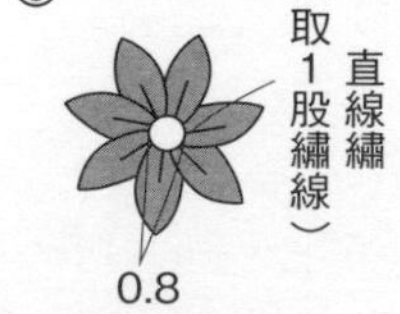

③ （取1股線繡）
0.8
原寸裁剪
直徑2cm圓形
進行縮縫
進行貼布縫

包釦 原寸裁剪4cm圓形
包釦（背面）
（背面） 0.5
周圍進行平針縫，
放入包釦心，
拉緊縫線。

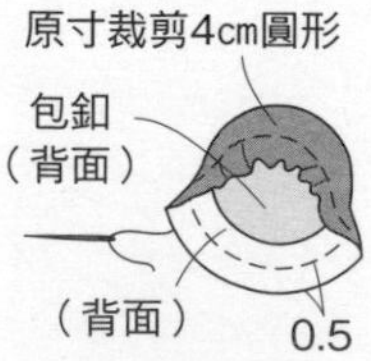

82

補強片

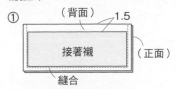

（背面）　1.5
接著襯
（正面）
縫合

黏貼接著襯的表布與裡布，
正面相對疊合，
預留上部，進行縫合。

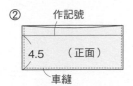

② 作記號
4.5　（正面）
車縫

翻向正面，進行車縫，
上部作記號。

葉片

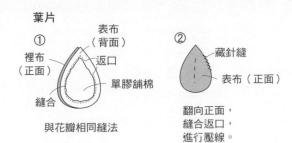

① 表布（背面）
裡布（正面）
返口
單膠舖棉
縫合

與花瓣相同縫法

② 藏針縫
表布（正面）

翻向正面，
縫合返口，
進行壓線。

串珠吊繩

串珠（小）　串珠（大）　長8cm蠟繩

蠟繩穿入2顆大串珠，
端部縫合固定3顆小串珠，
朝著兩端移動大串珠，
塗膠固定。

內蓋內蓋布（底部、內底作法相同）

裡布（背面）
平針縫
壓克力板　❺

包覆壓克力板，
倒向內側的縫份塗膠，
黏貼於壓克力板。

提把

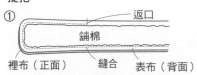

① 返口
舖棉
裡布（正面）　縫合　表布（背面）

表布背面黏貼舖棉，裡布背面黏貼接著襯，
正面相對疊合，預留返口，進行縫合。

② 藏針縫
車縫　提把（正面）

翻向正面，縫合返口，
沿著周圍進行車縫。

縫製方法

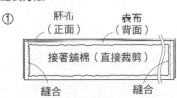

① 胚布（正面）　表布（背面）
接著舖棉（直接裁剪）
縫合　　　縫合

側身表布黏貼舖棉，
疊合胚布，縫合兩脇邊。

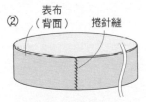

② 表布（背面）　捲針縫

翻向正面，併攏兩端，
進行捲針縫，以熨斗壓燙，
黏貼舖棉。

③ 裡布（正面）　燙開

原寸裁剪的接著襯，
黏貼接著襯的裡布，
正面相對縫成筒狀。

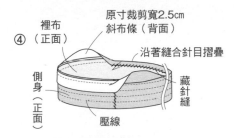

④ 裡布（正面）
原寸裁剪寬2.5cm斜布條（背面）
沿著縫合針目摺疊
藏針縫
側身（正面）
壓線

側身內側疊合側身裡布，
進行壓線，處理上部縫份。

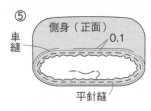

⑤ 側身（正面）　0.1
車縫
平針縫

距離下部完成線0.1cm，
沿著縫份側進行車縫，
縫份進行平針縫，倒向內側。

⑥ 側身（正面）
藏針縫
底部（正面）

背面相對疊合底部，進行捲針縫，
將內底放入本體內，塗膠黏貼。

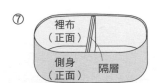

⑦ 裡布（正面）
側身（正面）　隔層

包覆壓克力板的隔層，
塗膠貼上2片，
塗膠固定於內側。

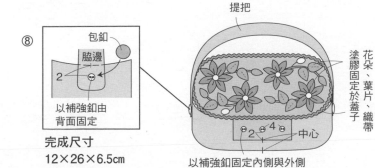

⑧ 包釦
脇邊
2
以補強釦由背面固定

提把
花朵、葉片、織帶
塗膠固定於蓋子
2　4　中心
以補強釦固定內側與外側

完成尺寸
12×26×6.5cm

◆材料（1件的用量）
各式拼接用布片 表布40×20cm（包含吊耳部分） B用布10×20cm 單膠舖棉、胚布
（包含裡布部分）各40×20cm 滾邊用寬3.5cm 斜布條35cm 接著襯10×5cm 長14cm
拉鍊1條 寬1cm織帶20cm 直徑1.5cm 帶尾珠1顆 肩背帶用寬0.6cm 帶狀皮革120cm

◆作法順序（相同）
拼接布片，完成口袋表布→製作口袋→製作吊耳→依圖示完成縫製。

完成尺寸 16×11.5cm

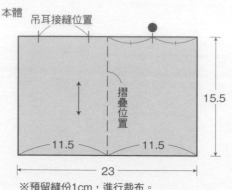

※預留縫份1cm，進行裁布。

吊耳

※背面黏貼接著襯。

吊耳

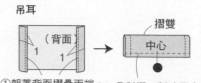

①朝著背面摺疊兩端，進行車縫。
②對摺，暫時固定。

口袋

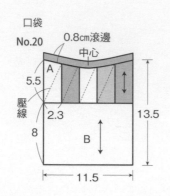

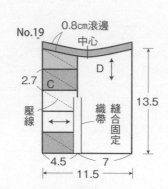

口袋

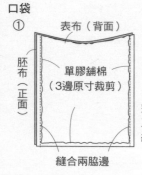

完成拼接的表布背面黏貼舖棉，正面相對疊合胚布，縫合兩脇邊。

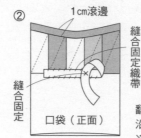

翻向正面，沿著上部※進行滾邊。
※No.19接縫處縫合固定織帶。

縫製方法

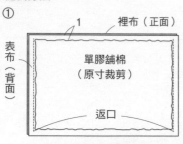

本體表布背面黏貼舖棉，正面相對疊合裡布，縫合兩邊端。

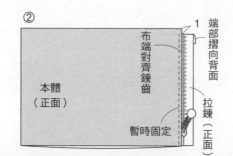

翻向正面，拉鍊暫時固定於本體右端。

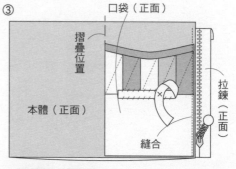

本體摺疊位置右側疊合口袋，縫合固定右端。

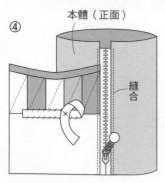

拉鍊另一側縫合固定本體左端

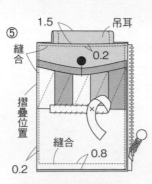

沿著摺疊位置重新摺疊，上部縫份摺入內側，暫時固定吊耳，由上部開始，依序縫合摺疊位置側、下部。

No.20

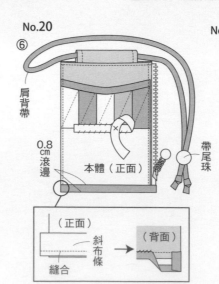

No.19

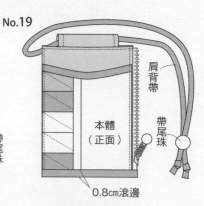

沿著下部進行滾邊，肩背帶穿套吊耳與帶尾珠，端部打結。

◆材料

各式原寸裁剪寬3.5cm快速壓縫用布　本體用布35×25cm
單膠舖棉、胚布、接著襯各40×40cm　滾邊用寬3.5cm
斜布條200cm　長35cm 拉鍊1條　25號繡線適量

◆作法順序

進行快速壓縫，沿著周圍進行滾邊，完成袋身→本體表布
黏貼舖棉，疊合胚布，完成花朵刺繡，進行壓線→進行周
圍滾邊→依圖示完成縫製。

完成尺寸　11.5×23×9.5cm

本體

0.5　中心　0.8cm滾邊

車繡圖案的
扇形花飾

刺繡

★　★

9.5　31.5

☆　☆

11

2.3

半徑11cm的
圓弧狀

22

※胚布背面黏貼接著襯。

快速壓縫方法

① 胚布（背面）
舖棉
3.5
布片（正面）
作記號

疊合舖棉與胚布，
背面相對疊合左端布片。

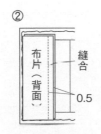

② 布片（背面）
縫合
0.5

正面相對疊合
第2片布片，
進行縫合。

③ 布片（正面）

翻向正面，
重複以上步驟。

袋身

★　中心　0.8cm滾邊　★

A
2.5
8

☆　35　☆

※胚布背面黏貼接著襯。

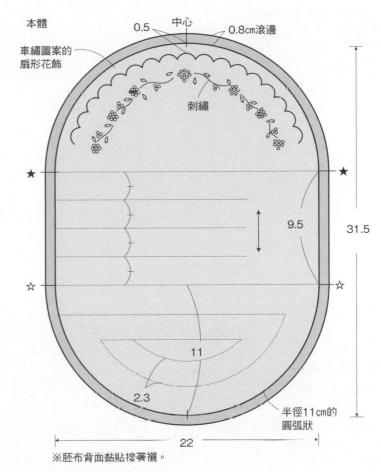

P.74手提袋原寸紙型

E

F

縫製方法

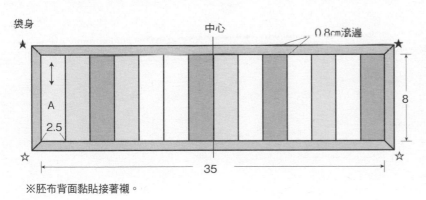

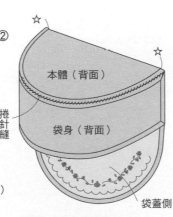

① 捲針縫
★
☆
袋身（背面）
本體（背面）

本體與袋身正面相對疊合，
併攏滾邊部位，
由★至☆，進行捲針縫。

② ☆　☆
本體（背面）
捲針縫
袋身（背面）
本體（背面）
袋蓋側

袋身下部與本體袋底側，
正面相對疊合，
併攏滾邊部位，進行捲針縫。

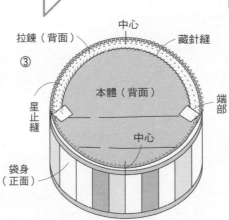

③ 中心
拉鍊（背面）　藏針縫
本體（背面）
星止縫
端部
中心
袋身（正面）

翻向正面，對齊中心，
將拉鍊安裝於本體與袋身開口的滾邊部位，
摺疊拉鍊端部，進行藏針縫。

本體（正面）
袋身（正面）

◆材料

各式拼接、貼布縫用布片　I、K用布65×65cm　J用布35×10cm　舖棉、胚布各80×80cm　滾邊用寬6cm
斜布條310cm　25號粉紅色繡線適量

◆作法順序

拼接A至E布片，完成13片「提籃」圖案，拼接F與G布片，完成12片「德勒斯登圓盤」圖案，進行貼布
縫，縫於H布片→接縫2種圖案與I、J布片→L與K布片進行貼布，縫完成邊飾，接縫於周圍，完成表布→
疊合舖棉與胚布，進行壓線→進行周圍滾邊（請參照P.66）。

※提籃圖案縫法請參照P.14。

完成尺寸　76×76cm

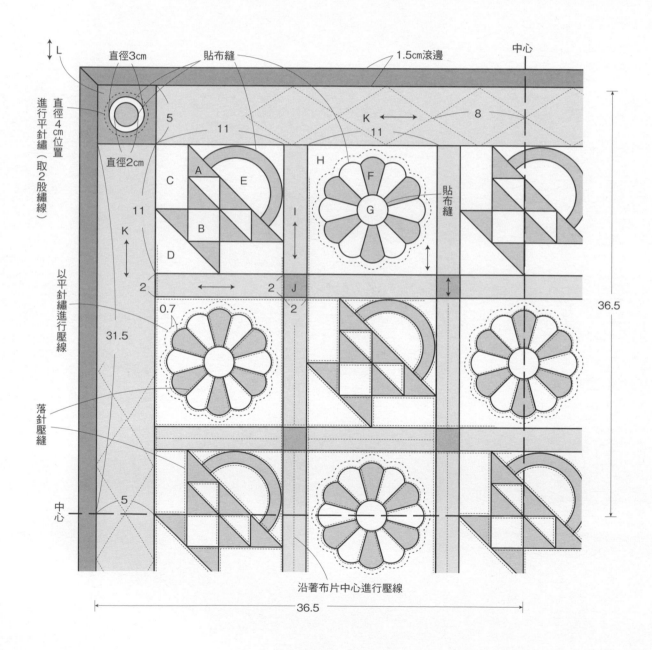

◆材料

各式拼接用布片　G用蕾絲布60×50cm　H至J用印花布、K、L用印花布各110×30cm　舖棉、胚布各110×60cm　滾邊用寬3.5cm斜布條320cm

◆作法順序

拼接10片四照花圖案，接縫F至J布片→周圍接縫K、L布片，完成表布→疊合舖棉、胚布，進行壓線→進行周圍滾邊（請參照P.66）。

※A至E布片原寸紙型請參照右方。

完成尺寸　53.5×104.5cm

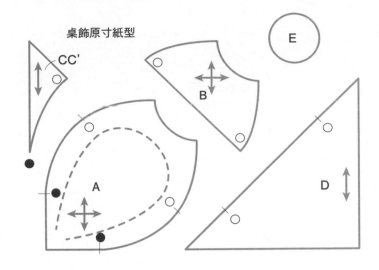

桌飾原寸紙型

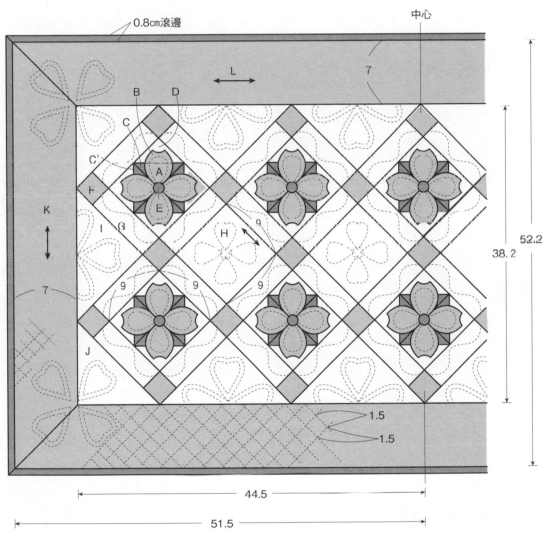

0.8cm滾邊

中心

7

L

B　D

C

C'

F

K

I　G

H

9

9　　9　　9

J

52.2

38.2

1.5

1.5

44.5

51.5

圖案接縫方法

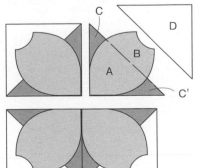

C

D

B

A

C'

如同No.25作法，拼接A與B布片，
縫合C、C'布片，由記號縫至記號。
接縫D布片，接合4個區塊，
E布片進行貼布縫。

87

◆材料

各式拼接用布片　F、G用布110×30cm（包含後片、袋底部分）　舖棉、胚布、裡袋用布各100×35cm　滾邊用寬4cm斜布條75cm　長40cm 提把1組

◆作法順序

拼接6片四照花圖案→接縫F、G布片，完成表布→前片、後片、袋底分別疊合舖棉與胚布，進行壓線→依圖示完成縫製。

◆作法重點

○以用布包覆厚紙完成襯底墊，放入袋底更牢固。

完成尺寸　25×35cm

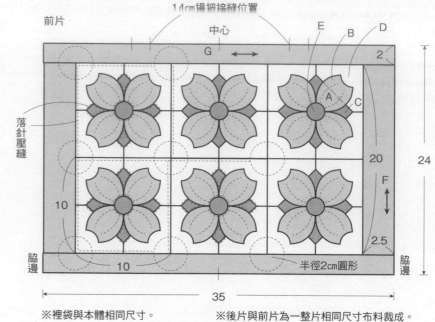

前片

14cm提把接縫位置

中心

G

前片

E B D

2

A C

落針壓縫

10 20 24

F

10 2.5

脇邊

脇邊

半徑2cm圓形

35

※裡袋與本體相同尺寸。

※後片與前片為一整片相同尺寸布料裁成。如同袋底作法進行壓線。

縫製方法

①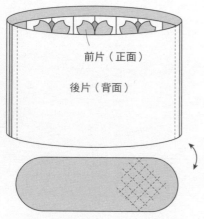

前片（正面）

後片（背面）

正面相對疊合前片與後片，縫合兩脇邊。正面相對縫合袋底。

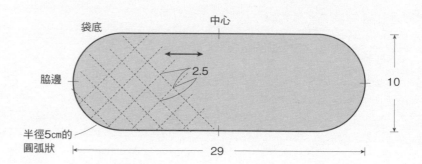

袋底 中心

脇邊 2.5

半徑5cm的圓弧狀 29 10

②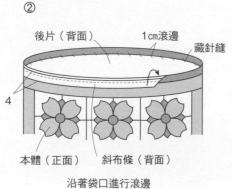

後片（背面） 1cm滾邊 藏針縫

4

本體（正面） 斜布條（背面）

沿著袋口進行滾邊

提把

③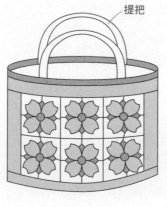

28 裡袋（正面）

縫合固定提把 藏針縫

本體（正面）

裡袋縫成袋狀，放入本體內，沿著滾邊部位邊緣進行藏針縫。

圖案接縫方法

① 由記號縫至記號

D

鑲嵌拼縫

與P.69 No.25相同縫法

原寸紙型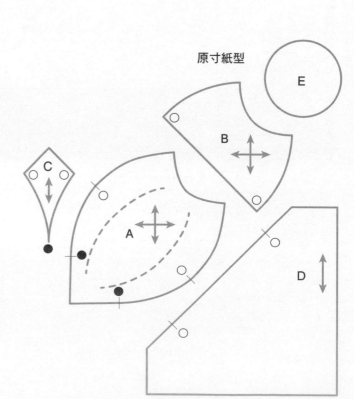

E

C

B

A

D

◆材料
各式拼接、貼布縫用布片 舖棉、胚布各40×40cm
8號繡線適量

◆作法順序
台布進行貼布縫與刺繡→以紙襯輔助法拼接A布片，
台布進行貼布縫，完成表布→疊合表布與舖棉，正面
相對疊合胚布，縫合周圍→翻向正面，縫合返口，進
行壓線。

◆作法重點
原寸裁剪9×8.5cm台布，A布片進行貼布縫之後，裁
掉多餘部分。

完成尺寸　29.5×30.9cm

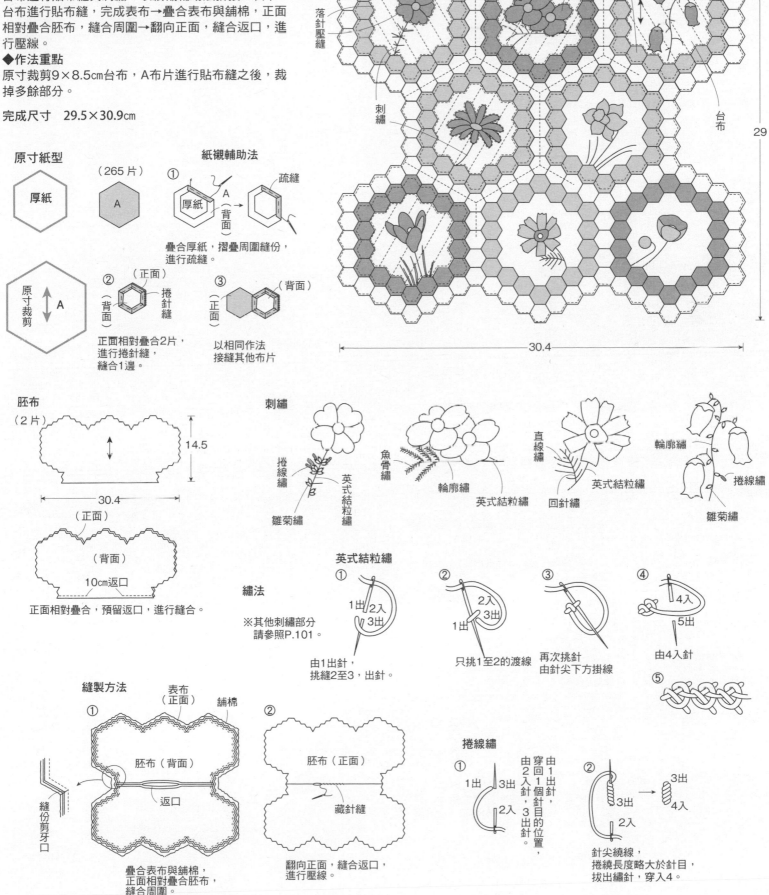

原寸紙型

厚紙

（265片）

A

紙襯輔助法

①
厚紙 A（背面） 疏縫

疊合厚紙，摺疊周圍縫份，
進行疏縫。

原寸裁剪
A

②
（正面）（背面）（背面）捲針縫

正面相對疊合2片，
進行捲針縫，
縫合1邊。

③
（背面）（正面）

以相同作法
接縫其他布片

胚布
（2片）

（正面）
30.4
14.5

（背面）
10cm返口

正面相對疊合，預留返口，進行縫合。

刺繡

捲線繡　雛菊繡　英式結粒繡
魚骨繡　輪廓繡
直線繡　英式結粒繡　回針繡
輪廓繡　英式結粒繡　捲線繡　雛菊繡

英式結粒繡

繡法
※其他刺繡部分
　請參照P.101。

①
1出 2入 3出
由1出針，
挑縫2至3，出針。

②
2入 3出 1出
只挑1至2的渡線

③
再次挑針
由針尖下方掛線

④
4入 5出
由4入針

⑤

縫製方法

表布（正面）
舖棉

①
胚布（背面）
返口
縫份剪牙口

疊合表布與舖棉，
正面相對疊合胚布，
縫合周圍。

②
胚布（正面）
藏針縫

翻向正面，縫合返口，
進行壓線。

捲線繡

①
1出 3出 2入
由1出針，
穿回1個針目的位置，
由2入針，3出針。

②
3出 2入 3出 4入
針尖繞線，
捲繞長度略大於針目，
拔出繡針，穿入4。

◆材料
各式拼接用布片　表布、側身用布75×40cm（包含吊耳、補強片部分）
滾邊用布60×30cm（包含袋口裡側貼邊部分）　裡袋用布（包含袋蓋胚布
部分）、胚布各75×35cm　舖棉85×40cm　直徑1.4cm縫式磁釦1組　附
活動鉤肩背帶1條　喜愛的穗飾1個

◆作法順序
拼接A布片，完成袋蓋表布→疊合舖棉與胚布，進行壓線→以相同作法進
行袋身與側身壓線→製作吊耳→依圖示完成縫製。

完成尺寸　24×23cm

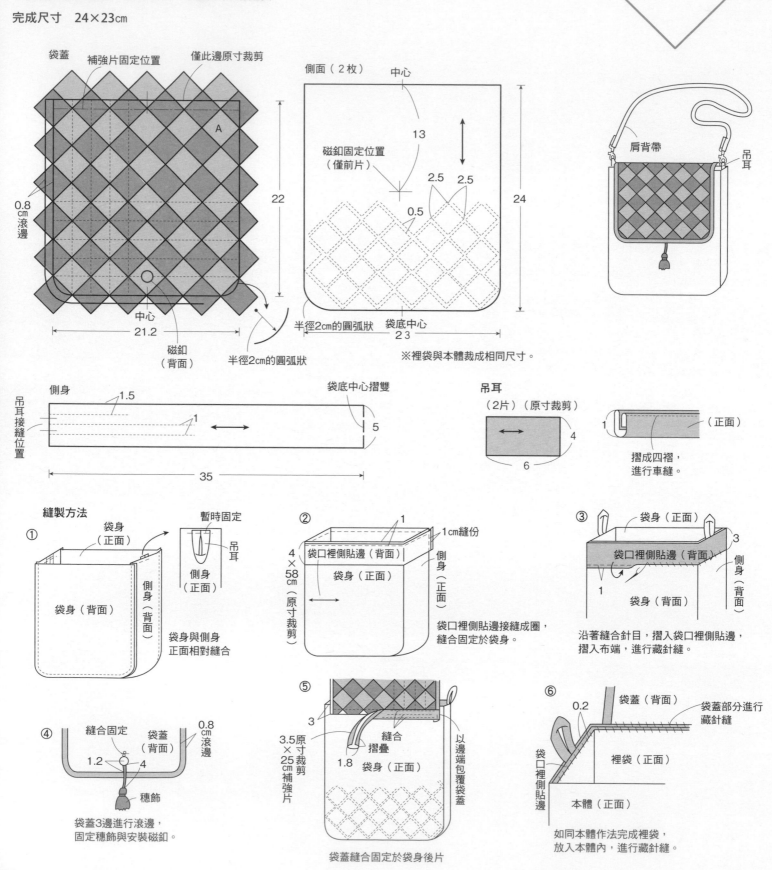

原寸紙型

A

90

◆材料
各式拼接用布片 E、F用布70×40cm（包含滾邊、拉鍊裝飾部分） 舖棉、胚布
各55×30cm 長23cm 拉鍊1條 附活動鉤肩背帶1條 長4cm附D型環配件 2個
25號繡線適量

◆作法順序
拼接A至D'布片，接縫E與F布片，完成表布→疊合舖棉與胚布，進行壓線→
依圖示完成縫製。

完成尺寸 21.5×25cm

原寸紙型

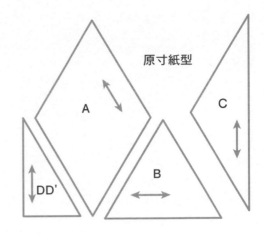

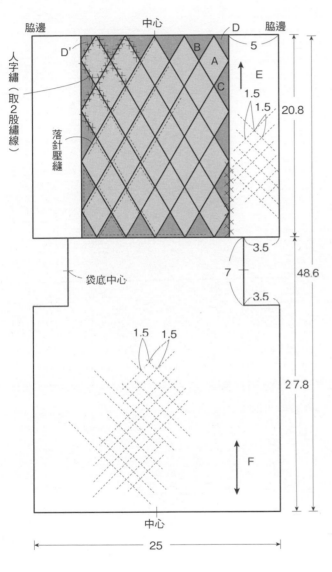

縫製方法

①

正面相對沿著袋底中心摺疊，
縫合脇邊，包覆胚布縫份，
進行藏針縫，縫合側身。

②
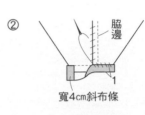

寬4cm斜布條

處理側身縫份

③
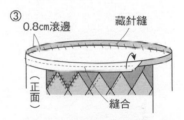

0.8cm滾邊 藏針縫

以寬3.5cm斜布條，進行袋口滾邊。

④
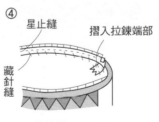

星止縫 摺入拉鍊端部
藏針縫

安裝拉鍊

⑤
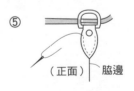

（正面） 脇邊

以回針縫接縫配件

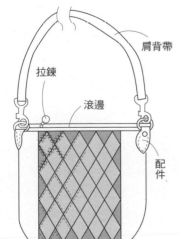

肩背帶
拉鍊
滾邊
配件

拉鍊裝飾

4
（原寸裁剪）

0.5
（背面）

棉花

進行平針縫，
塞入拉片固定端與棉花，
拉緊縫線。

◆材料

各式拼接用布片　I、J用布70×50cm（包含前片ⓐⓑ、滾邊部分）　K用布25×15cm　裡袋用布70×40cm
舖棉、胚布各90×40cm　寬1cm織帶50cm　長34cm拉鍊1條　直徑2cm縫式磁釦1組　長48cm提把1組

◆作法順序

拼接布片，分別完成6片ㄅ、ㄆ圖案→接縫ㄅ圖案與I、J布片，完成後片表布→接縫圖案ㄆ與K布片，完成口袋表布→後片、口袋、前片ⓐ，分別疊合舖棉與胚布，進行壓線→沿著口袋口進行滾邊，疊合於前片→前片與後片正面相對縫合→依圖示完成縫製。

◆作法重點

○以寬3.5cm斜布條進行滾邊。
○拉鍊安裝方法請參照P.67。

完成尺寸　29×36cm

圖案配置圖＆接縫順序

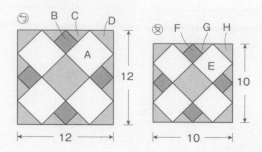

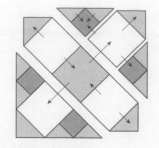

※箭頭為縫份倒向。

前片　僅ⓐ疊合舖棉與胚布進行壓線

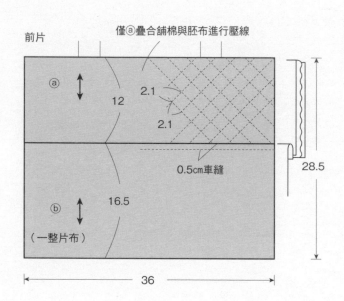

裡袋

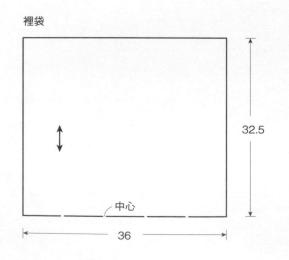

後片

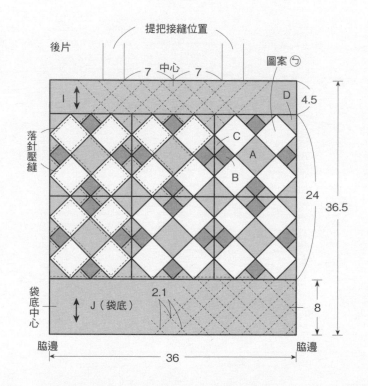

口袋　0.8cm滾邊

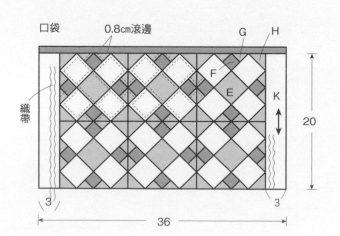

前片

① ①沿著口袋口進行滾邊。

K

①縫合固定織帶。

② 後片 ⓐ（正面）

0.8

11

內側縫合固定磁釦

ⓑ（正面）

車縫隔層

縫製方法

①

後片（背面）

縫合

前片（正面）

袋底（背面） 袋底中心

正面相對沿著袋底中心摺疊，縫合脇邊。

前片（正面）

0.5cm車縫

袋底（正面）

② 袋底（正面） 脇邊

本體（背面） 縫合

8 修剪1cm

縫合側身

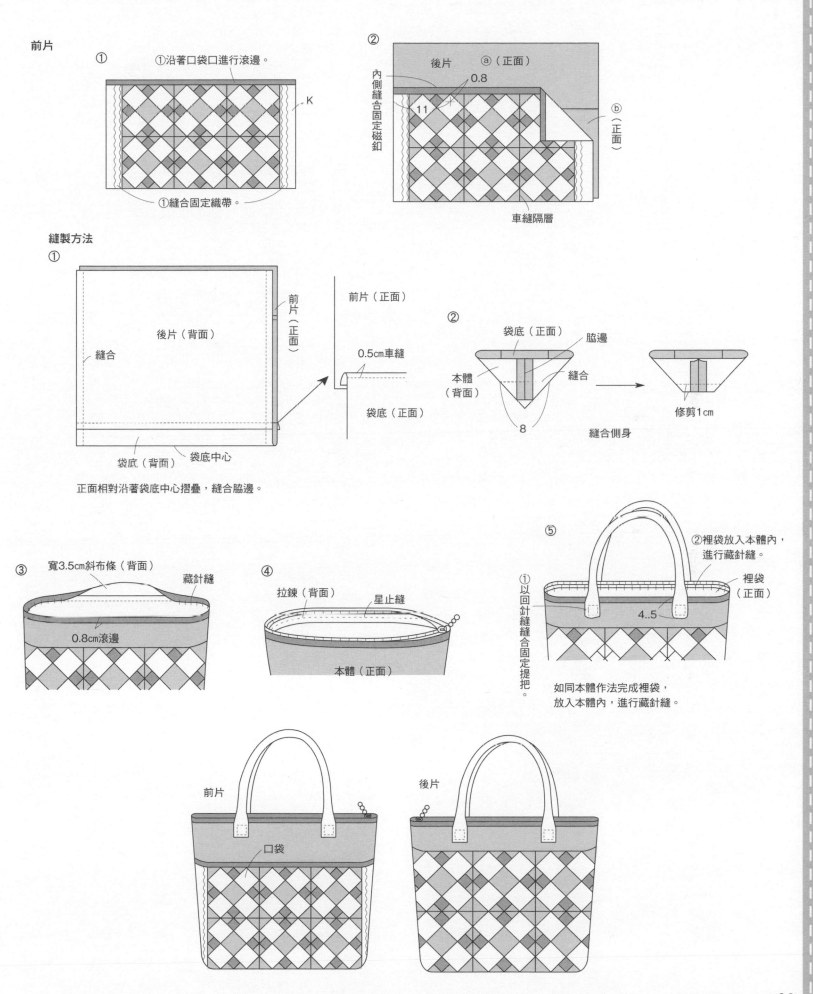

③ 寬3.5cm斜布條（背面） 藏針縫

0.8cm滾邊

④ 拉鍊（背面） 星止縫

本體（正面）

⑤ ②裡袋放入本體內，進行藏針縫。

①以回針縫縫合固定提把。

裡袋（正面）

4..5

如同本體作法完成裡袋，放入本體內，進行藏針縫。

前片 口袋

後片

◆肩背包材料

各式拼接用布片 I、J用布45×30cm（包含袋口裡側貼邊、提把部分） K、吊耳用布45×15cm 裡袋用布40×30cm
舖棉、胚布各45×30cm 內徑1.2cm D型環2個 長20cm拉鍊1條 附活動鉤肩背帶1條

◆作法順序

拼接布片，完成4片⊗圖案，接縫I至K'布片，完成表布→疊合舖棉與胚布，進行壓線→製作吊耳與提把，接縫於本
體→依圖示完成縫製→鉤掛肩背帶。

◆作法重點

○拉鍊安裝方法請參照P.67。

完成尺寸　16.5×23cm

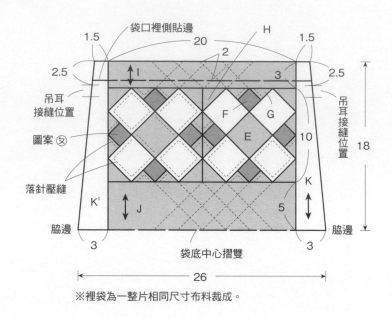

※裡袋為一整片相同尺寸布料裁成。

提把＆吊耳

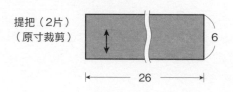

縫製方法

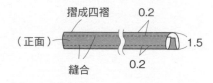

①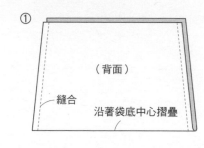

②

③正面相對疊合裡側貼邊，沿著袋口進行縫合。

③

④ 沿著縫合針目反摺

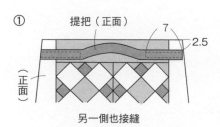

①提把（正面）

另一側也接縫

⑤ 拉鍊（背面）　星止縫

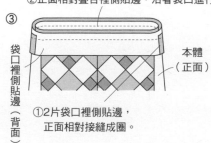

⑥ 裡袋（正面）　藏針縫

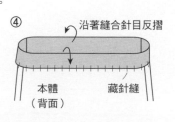

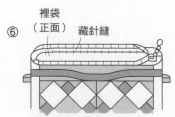

如同本體作法完成裡袋，
裡袋放入本體以藏針縫縫合固定。

◆手機袋材料
各式拼接用布片 I、J用布20×30cm（包含吊耳、滾邊部分） 裡袋用布35×15cm 舖棉、胚布各40×15cm 內徑1.2cm
D型環2個 長22cm附活動鉤手腕帶1條
◆作法順序
拼接布片，完成2片⊗圖案，接縫I與J布片，完成表布→疊合舖棉、胚布，進行壓線→製作吊耳，暫時固定→依圖示完
成縫製→鉤掛手腕帶。
◆作法重點
○以寬3.5cm斜布條進行滾邊。

完成尺寸　16×10cm

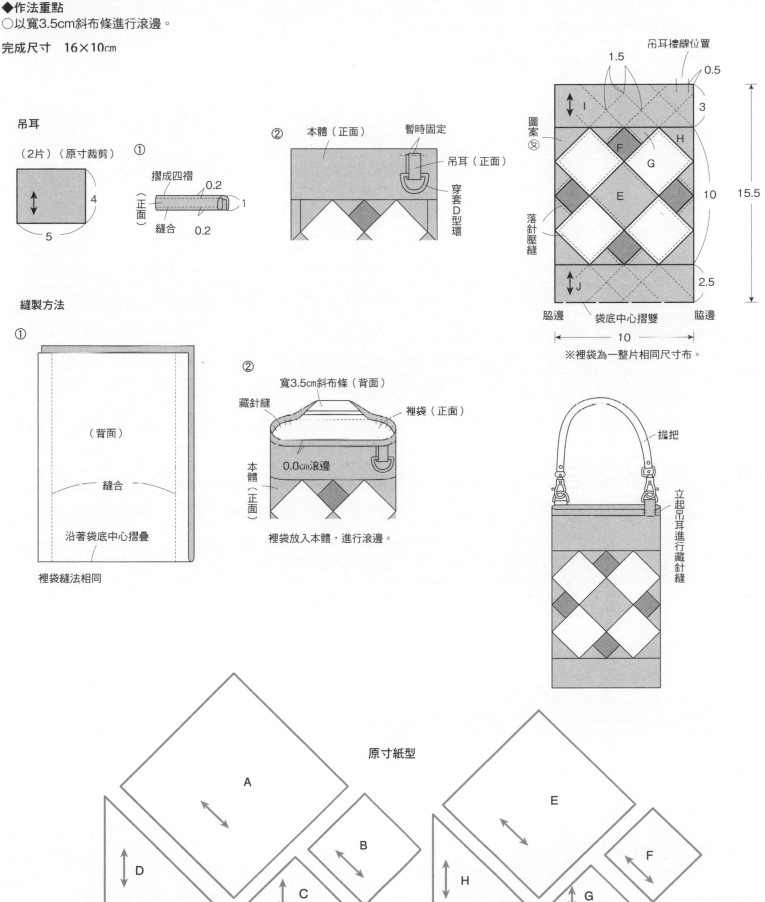

原寸紙型

◆材料

各式拼接、貼布縫用布片 座面台布35×35cm 鋪棉、胚布各100×50cm 滾邊、處理開口用寬3.6cm 斜布條210cm 1L牛奶盒24個

◆作法順序

拼接A布片→A、B布片進行貼布縫,縫於台布,完成座面表布→疊合鋪棉、胚布,依圖示完成座面→拼接C至I布片,完成12個區塊,進行接縫,完成側身表布→疊合鋪棉、胚布,進行壓線→正面相對接縫成圈(縫份處理方法請參照P.67作法A),依圖示處理上、下邊→參照圖完成縫製→以牛奶盒完成座凳,套上布套。

完成尺寸 寬32cm 高20.5cm

座面圖案縫法

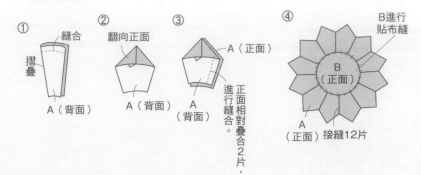

座面

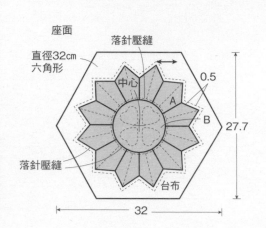

區塊配置圖&接縫順序
(12片)

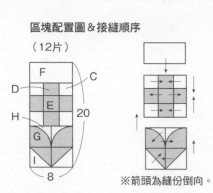

※箭頭為縫份倒向。

座面

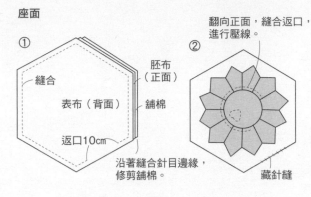

側身上、下邊
處理方法

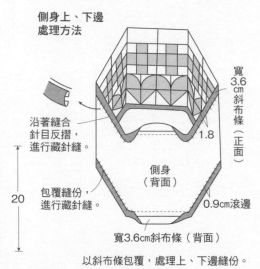

以斜布條包覆,處理上、下邊縫份。

側身

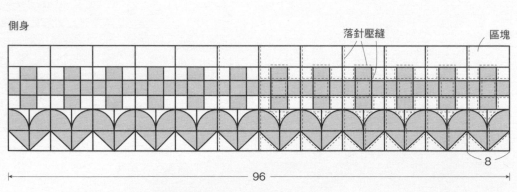

縫製方法

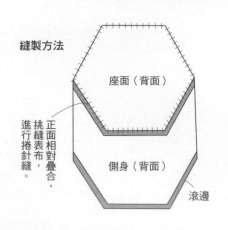

座椅

①切開牛奶盒,作成三角柱,以膠帶固定。

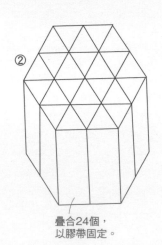

②疊合24個,以膠帶固定。

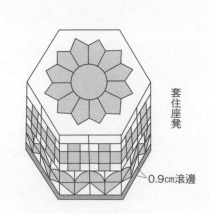

套住座凳

0.9cm滾邊

◆材料
各式拼接、貼布縫用布片　後片用布30×25cm　注入口用布15×15cm　舖棉、胚布各50×40cm　直徑1.6cm 鈕釦1顆
◆作法順序
進行拼接、貼布縫，完成前片與後片（一整片布）表布→疊合舖棉、胚布，依圖示製作→注入口作法也相同→依圖示完成縫製。

完成尺寸　20×28.5cm

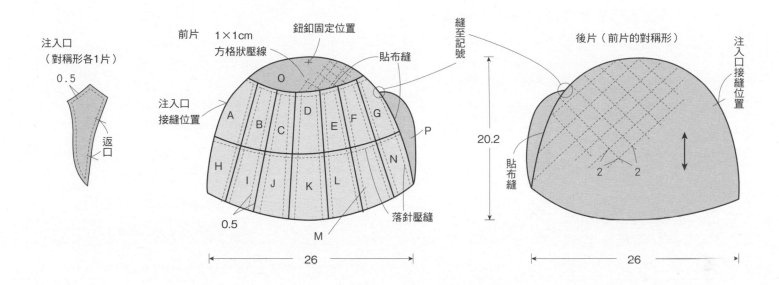

注入口
（對稱形各1片）
0.5
返口

前片　1×1cm
方格狀壓線
鈕釦固定位置
貼布縫
縫至記號
注入口接縫位置
O
注入口接縫位置
A B C D E F G P
H I J K L N
0.5 M
落針壓縫
26

後片（前片的對稱形）
注入口接縫位置
20.2
貼布縫
2 2
26

本體

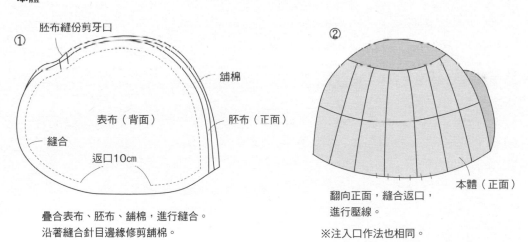

①
胚布縫份剪牙口
舖棉
表布（背面）
胚布（正面）
縫合
返口10cm

疊合表布、胚布、舖棉，進行縫合。
沿著縫合針目邊緣修剪舖棉。

②
本體（正面）

翻向正面，縫合返口，
進行壓線。
※注入口作法也相同。

縫製方法

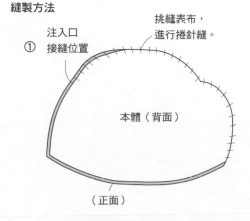

①
注入口
接縫位置
挑縫表布，
進行捲針縫。
本體（背面）
（正面）

②
（正面）
捲針縫
注入口
（背面）

③
縫上鈕釦
注入口
（正面）
前、後片分別
進行捲針縫
翻向正面

正面相對疊合前片與後片，進行捲針縫。

◆材料
波奇包　A用布10×10cm　各式拼接用布片　舖棉、胚布、裡袋用
布60×20cm　滾邊用寬4cm　斜布條45cm寬0.3cm　波形織帶40cm
直徑0.4cm珍珠1顆　長20cm拉鍊1條　寬0.6cm緞帶10cm
迷你波奇包　本體用布2種、單膠舖棉各15×10cm　胚布15×15
cm　滾邊用寬3.5cm　斜布條15cm　寬0.6cm緞帶15cm　直徑0.7cm
鈕釦2顆　長10cm拉鍊1條

◆作法順序
波奇包　拼接A、B布片，完成2片表布→疊合紙型，裁成本體形
狀→疊合舖棉、胚布，進行壓線→縫上織帶與珍珠→正面相對疊
合2片，縫合周圍與側身→依圖示完成縫製。
迷你波奇包　接縫2片本體用布，完成表布→黏貼舖棉，正面相對
疊合胚布，預留返口，縫合周圍→依圖示完成縫製→接縫吊耳。

◆作法重點
○沿著波奇包布片A周圍，縫合固定波形織帶，織帶尾端分別繞
　小圈縫合固定。

波奇包

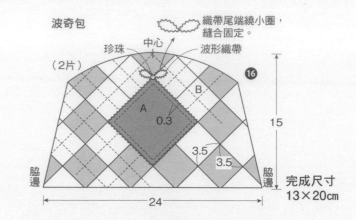

（2片）
織帶尾端繞小圈，縫合固定。
珍珠　中心　波形織帶
A　0.3
B
3.5
3.5
脇邊　脇邊
15
24
完成尺寸　13×20cm

迷你波奇包

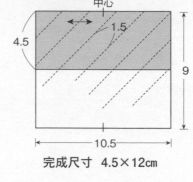

中心
4.5
1.5
9
10.5
完成尺寸　4.5×12cm

波奇包

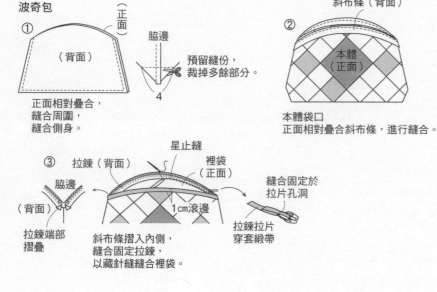

①
（背面）
（正面）
脇邊
預留縫份，裁掉多餘部分。
4
正面相對疊合，縫合周圍，縫合側身。

②
斜布條（背面）
本體（正面）
本體袋口
正面相對疊合斜布條，進行縫合。

③
拉鍊（背面）
星止縫
裡袋（正面）
脇邊
（背面）
1cm滾邊
縫合固定於拉片孔洞
拉鍊拉片穿套緞帶
拉鍊端部摺疊
斜布條摺入內側，縫合固定拉鍊，以藏針縫縫合裡袋。

吊耳

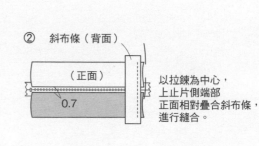

鈕釦
14cm緞帶
以緞帶夾住本體端部，以鈕釦由兩側縫合固定。

本體
①
表布（正面）
原寸裁剪的舖棉
胚布（背面）
返口
表布黏貼舖棉，正面相對疊合胚布，預留返口，縫合周圍。

縫製方法
①
拉鍊（正面）
星止縫
（正面）
拉鍊一側疊合本體，進行縫合，另一側縫法相同。

②
斜布條（背面）
（正面）
0.7
以拉鍊為中心，上止片側端部正面相對疊合斜布條，進行縫合。

②

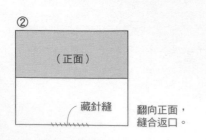

（正面）
藏針縫
翻向正面，縫合返口。

③

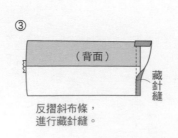

（背面）
藏針縫
反摺斜布條，進行藏針縫。

④

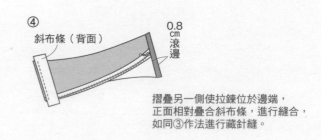

斜布條（背面）
0.8cm滾邊
摺疊另一側使拉鍊位於邊端，正面相對疊合斜布條，進行縫合，如同③作法進行藏針縫。

◆材料
各式拼接用布片　滾邊用寬3.5cm　斜布條80
cm 舖棉、胚布各25×20cm　長20cm拉鍊1條
◆作法順序
拼接A至D布片，完成表布→疊合舖棉、胚
布，進行壓線→進行周圍滾邊→依圖示完成
縫製。

完成尺寸　6.5×22.5cm

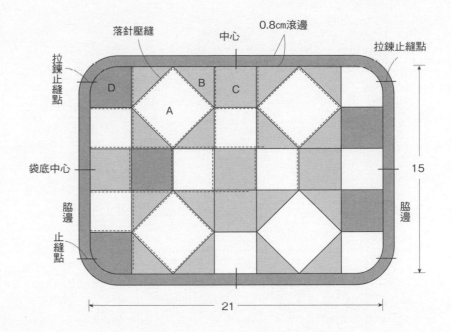

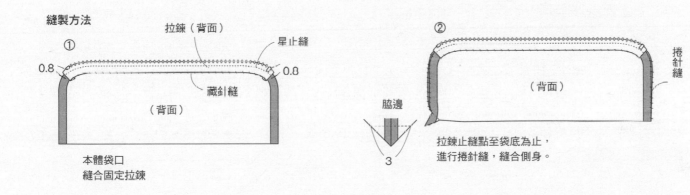

縫製方法
① 0.8　0.8
本體袋口
縫合固定拉鍊

② 脇邊　3
拉鍊止縫點至袋底為止，
進行捲針縫，縫合側身。

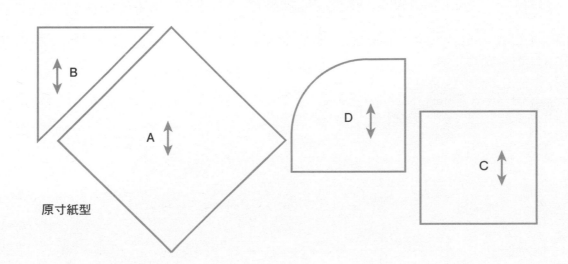

原寸紙型

◆材料
各式拼接用布片　B、D用布90×30cm　E、F用布85×40cm　滾邊用寬3cm
斜布條330cm　舖棉、胚布各90×90cm
◆作法順序
參照P.57，拼接A布片完成13個區塊，拼接B至D布片完成12個區塊→兩
種區塊交互接縫成5×5列，周圍接縫E與F布片，完成表布→疊合舖棉與
胚布，進行壓線→進行周圍滾邊（請參照P.66）。

完成尺寸　79.5×79.5cm

原寸紙型＆壓線圖案

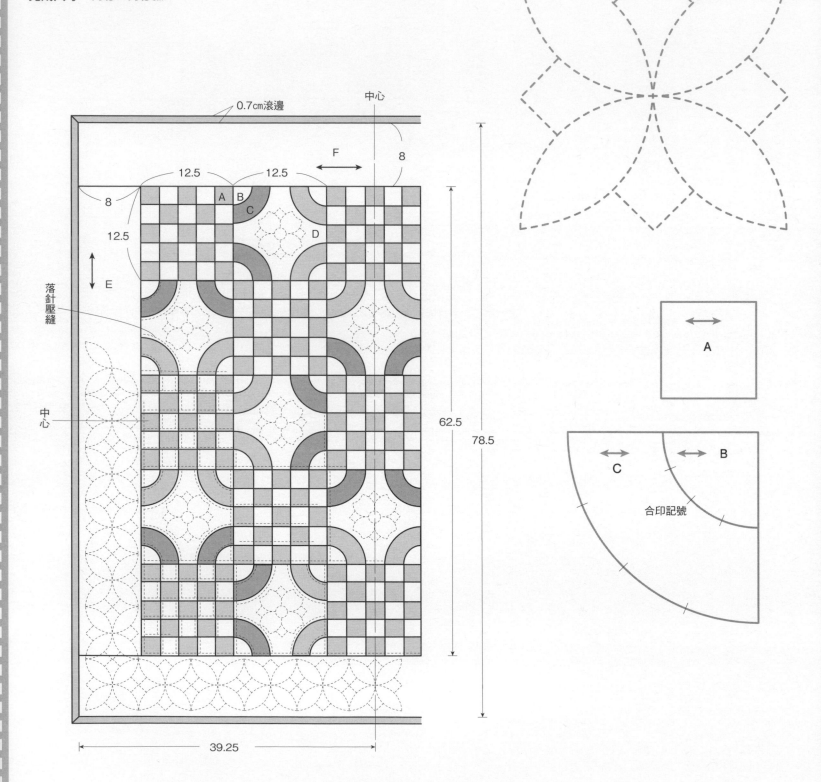

輪廓繡

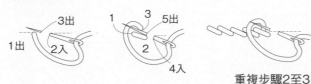

重複步驟2至3

平針繡

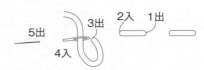

雛菊繡

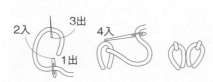

法國結粒繡

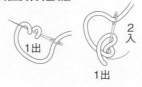

鎖鍊繡

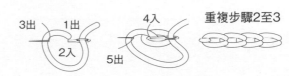

重複步驟2至3

飛羽繡

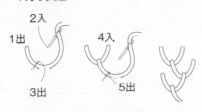

緞面繡

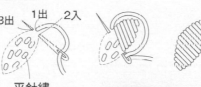

平針繡

一邊調節針目，
一邊重複步驟2至3。

雙重十字繡

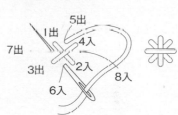

人字繡

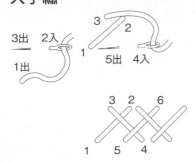

直線繡

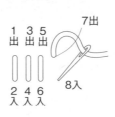

8字結粒繡

繡線捲繞成
8字形

稍微拉緊這條線，
繡針由1穿出後，
由近旁位置穿入。

魚骨繡

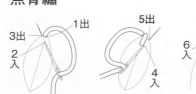

回針繡

十字繡

◆材料
各式貼布縫、葉片、草莓、蒂頭用布片　表布70×70㎝
（包含滾邊用寬3.5㎝斜布條部分）　胚布、裡布各
30×30㎝　舖棉30×30㎝　單膠舖棉20×10㎝　吊帶
用布20×20㎝　厚接著襯30×20㎝　棉花、25號繡線
各適量

◆作法順序
表布進行貼布縫→疊合舖棉與胚布，進行壓線→製作葉
片與草莓→製作吊帶→依圖示完成縫製。

完成尺寸　17×26.5㎝

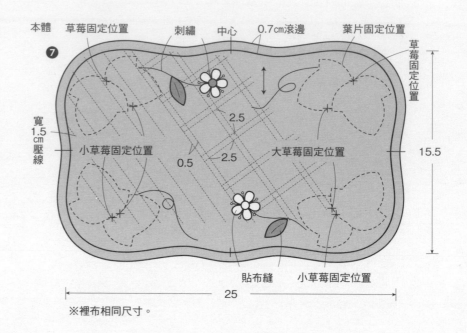

本體　草莓固定位置　　刺繡　中心　0.7㎝滾邊　葉片固定位置　草莓固定位置
❼
寬
1.5
㎝
壓
線
小草莓固定位置　　　　　　大草莓固定位置　　15.5
2.5　2.5
0.5
貼布縫　小草莓固定位置
25
※裡布相同尺寸。

葉片
（對稱形各8片）
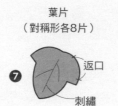
返口
刺繡

大果實（3片）
小果實（5片）
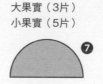

大蒂頭（3片）
小蒂頭（5片）　（原寸裁剪）

吊帶

①
裡布（背面）　　　表布（正面）

14㎝返口
接著襯
裡布與表布黏貼接著襯，
正面相對疊合，預留返口，進行縫合。

②
藏針縫　車縫　（正面）
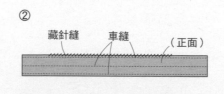
翻向正面，縫合返口，進行車縫。

③
中心　　（正面）
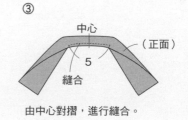
5
縫合
由中心對摺，進行縫合。

吊帶
（表布、裡布）
14㎝返口
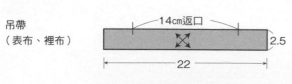
2.5
22
※背面黏貼原寸裁剪的接著襯。

草莓

①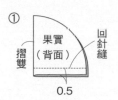
果實（背面）
摺雙
回針縫
0.5

正面相對摺疊，
以回針縫縫合下部。

②
平針縫
（正面）

翻向正面，
曲線部位進行
平針縫。

③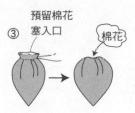
預留棉花
塞入口
棉花

拉緊縫線，
壓入縫份，
確實塞滿。

④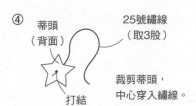
蒂頭
（背面）
25號繡線
（取3股）
打結

裁剪蒂頭，
中心穿入繡線。

⑤
約10cm

以接著劑
黏貼於草莓

葉片

①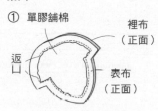
單膠舖棉
裡布（正面）
返口
表布（正面）

背面黏貼原寸裁剪的舖棉，
正面相對疊合裡布，
預留返口，進行縫合。

②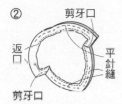
剪牙口
返口
平針縫
剪牙口

凹處縫份剪牙口，
縮縫曲線部位的縫份。

③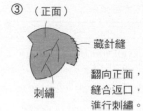
（正面）
藏針縫
刺繡

翻向正面，
縫合返口，
進行刺繡。

縫製方法

①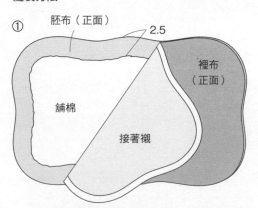
胚布（正面）
2.5
裡布（正面）
舖棉
接著襯

完成壓線的本體胚布側，
噴膠黏貼各邊小於本體2.5cm的舖棉，
裡布黏貼原寸裁剪的接著襯，
正面相對疊合胚布與裡布，噴膠貼合。

②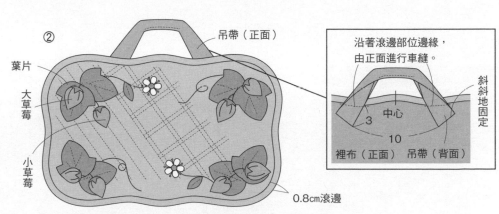
吊帶（正面）
葉片
大草莓
小草莓
0.8cm滾邊

沿著滾邊部位邊緣，
由正面進行車縫。
中心
3
10
裡布（正面） 吊帶（背面）
斜斜地固定

沿著周圍進行滾邊，葉片與草莓塗膠黏貼於指定位置。
以穿入蒂頭中心的繡線縫合固定草莓，
吊帶塗膠由背面側黏貼。

PATCH WORK 拼布教室

國家圖書館出版品預行編目(CIP)資料

Patchwork拼布教室30：可愛，隨身攜帶：設計感滿載的提籃拼布特集 / BOUTIQUE-SHA授權；彭小玲・林麗秀譯. -- 初版. -- 新北市：雅書堂文化事業有限公司, 2023.05
面；　公分. -- (Patchwork拼布教室；30)
ISBN 978-986-302-672-3(平裝)

1.CST: 拼布藝術　2.CST: 手工藝

426.7　　　　　　　　　　112005437

授　　　　權／BOUTIQUE-SHA
譯　　　　者／彭小玲・林麗秀
社　　　　長／詹慶和
執 行 編 輯／黃璟安
編　　　　輯／劉蕙寧・陳姿伶・詹凱雲
封 面 設 計／韓欣恬
美 術 編 輯／陳麗娜・周盈汝
內 頁 編 排／造極彩色印刷
出　版　者／雅書堂文化事業有限公司
發　行　者／雅書堂文化事業有限公司
郵 政 劃 撥 帳 號／18225950
郵 政 劃 撥 戶 名／雅書堂文化事業有限公司
地　　　　址／新北市板橋區板新路206號3樓
電　　　　話／(02)8952-4078
傳　　　　真／(02)8952-4084
網　　　　址／www.elegantbooks.com.tw
電 子 郵 件／elegant.books@msa.hinet.net

原書製作團隊

發 行 人／志村悟
編 輯 長／関口尚美
編　　輯／神谷夕加里
編 輯 協 力／佐佐木純子・三城洋子・谷育子
攝　　影／藤田律子（本誌）・山本和正
設　　計／和田充美（本誌）・小林郁子・多田和子
　　　　　　松田祐子・松本真由美・山中みゆき
製　　圖／大島幸・小池洋子・為季法子
繪　　圖／木村倫子・三林よし子
紙 型 描 圖／共同工芸社・松尾容巳子

PATCHWORK KYOSHITSU (2023 Spring issue)
Copyright © BOUTIQUE-SHA 2023 Printed in Japan
All rights reserved.
Original Japanese edition published in Japan by BOUTIQUE-SHA.
Chinese (in complex character) translation rights arranged with
BOUTIQUE-SHA
through KEIO CULTURAL ENTERPRISE CO., LTD.

2023年5月初版一刷　定價／420元

總經銷／易可數位行銷股份有限公司
地址／新北市新店區寶橋路235巷6弄3號5樓
電話／（02）8911-0825　傳真／（02）8911-0801